世界科普经典读库

自然的故事

〔法〕法布尔　著

游宏　编译

U0213858

HISTOIRE DE LA NATURE

全国百佳图书出版单位

时代出版传媒股份有限公司
安徽人民出版社

图书在版编目(CIP)数据

自然的故事/(法)法布尔著;游宏编译. —合肥:安徽人民出版社,2016.12
(世界科普经典读库)

ISBN 978 – 7 – 212 – 09459 – 1

Ⅰ.①自… Ⅱ.①法… ②游… Ⅲ.①自然科学—青少年读物
Ⅳ.①N49

中国版本图书馆 CIP 数据核字(2016)第 303360 号

自然的故事

ZIRAN DE GUSHI

〔法〕法布尔 著 游 宏 编译

出 版 人:杨迎会　　　　出版策划:朱寒冬　　责任编辑:李 莉 项 清
出版统筹:徐佩和 黄 刚　　责任印制:董 亮　　装帧设计:程 慧
　　　　　李 莉 张 旻

出版发行:安徽人民出版社 http://www.ahpeople.com
地　　址:合肥市政务文化新区翡翠路 1118 号出版传媒广场八楼　邮编:230071
电　　话:0551 – 63533258　0551 – 63533259(传真)
印　　刷:合肥创新印务有限公司

开本:710mm×1010mm　　1/16　　印张:16　　　　字数:300 千
版次:2016 年 12 月第 1 版　　2022 年 6 月第 6 次印刷

ISBN 978 – 7 – 212 – 09459 – 1　　　定价:30.00 元

目 录

建造一所避暑的牛棚,把木虱关在里头,以避开强烈的阳光。

一、六位朋友

一天黄昏,太阳落下去后,有六位朋友相聚了。

保罗叔叔正在读一本厚书。他一放下工作就读书,好像只有读书才能带走他工作后的疲倦。书能够告诉我们别人已经做过的、说过的和想过的东西。他房间里的书架上很整齐地摆放着各种书,大的、小的、有图画的、没图画的、装订好的、没有装订好的,甚至还有镶金边的书。每当他把房门一关,读起书来,除非有非常重要的事情才能让他放下书本,因此,大家都说,保罗叔叔的脑子里不知藏有多少故事。他喜欢独自观察、研究。当他在花园里散步的时候,我们常常可以看见他停在蜂窝之前,观察嗡嗡作响的蜜蜂,或者停在接骨木之下,研究接骨木上的小花朵。有时候,他还伏在地上看一只爬行的小虫,或者一枝刚发芽的小草。他在看什么,在观察什么,有谁知道吗?大家都说他的脸上此时总会出现一丝神圣的微笑,好像是面对着大自然最神秘的奇迹似的。遇到这种时候,我们特别高兴能听他讲故事,还能学到许多知识,对我们很有用处。

保罗叔叔是一位和善的、人人敬爱的人。村里人极其尊敬他,甚至叫他"保罗先生",那是因为他用自己所学的知识帮助过每一个人。

老恩妈的丈夫杰克帮着保罗叔叔种田——我在这里还要告诉大家:保罗叔叔不但知识渊博,而且还种得一手好田。老恩妈守着家,杰克照顾着家畜和田地,他们比两个仆人还要忠诚;对于这两位朋友,保罗叔叔也样样事情都信任他们。他们俩在这屋子里已住了很多年了,是看着保罗从小长大的。当小保罗不快活的时候,杰克时常用柳树皮做成哨子逗他玩,而恩妈总是像母亲一样鼓励他好好地上学,不要哭,还常常把熟鸡蛋放在他的点心袋里,因此,保罗叔叔很尊敬他父亲的两位老仆人,他的家就是他们的家。同时,大家也可以看出,杰克和恩妈是怎样地爱护他们的主人！为了保罗叔叔，无论让他们做什么事情，他们都可以照办。

保罗叔叔还没有结婚，但是当他和孩子们厮缠在一起的时候，真没有比这让他更快乐的了。那些孩子们对事物很好奇，问这个，问那个，渴望了解更多的知识。他们都是保罗叔叔哥哥的孩子，他请求他哥哥允许这些孩子和他在一年中同住一些时候。现在有三个孩子：爱密儿、喻儿和克莱儿。

克莱儿最大，今年樱桃熟时，她就12岁了。小克莱儿勤快、听话、温顺且有一点儿怯弱，没有丝毫浮夸的习气。她织袜子，镶手帕的边，又做她的功课，一点儿也不去想在礼拜日那一天她要穿什么好看的衣裳。当她的叔叔或者恩妈（她好像也是她的妈妈一样）吩咐她做一件事情的时候，她马上就去做，而且很高兴得到这样一点儿小差事。这是一种很好的脾气。

喻儿比克莱儿小两岁，是一个活泼伶俐的孩子。当他有一点儿不放心的事情时，晚上连觉也睡不熟。他的求知欲很强，样样东西都会使他高兴，使他念念不忘。一只蚂蚁在拖一根稻草，一只小麻雀在屋顶上啄食吃，这些都足以引起他的注意。他向他的叔叔絮絮叨叨地问着：这个为什么？那个为什么？他的叔叔对于这种好奇心是很喜欢的，因为这种好奇心如果指点得适当，便能得到很好的效果。但是有一点他的叔叔很不喜欢，那就是他的坏脾气。每当他碰到别人不顺着他的时候，他便哭，发怒，翻白眼，恶狠狠地丢掉他的帽子，好像沸得溢出锅的牛奶，但只要稍哄他一下，便会平静下来。保罗叔叔希望能够好好地引导他，因为喻儿的确是天真烂漫的。

爱密儿是三人中最小的一个，完全是一个跳着跑着的顽童。他们之中假使有哪一个的脸被果汁涂得一塌糊涂，额上撞起了一个肿块，或者手指上扎了一个刺，那个人一定是他。喻儿和克莱儿最喜欢的是新书，而他最喜欢的则是玩具。说到玩具，那他真可称得上什么都有。他有一只"地汪汪"（即陀螺），能够放出很响的汪汪声；有许多穿蓝衣服、红衣服的小铅兵;有一只有着各种动物的"诺亚船"①;还有一个喇叭,这喇叭他叔叔不许他吹,因为吵得厉害……他那只玩具箱里所有的东西只有他一个人知道。让我们赶快说,爱密儿已经有许多问题在等着问他的叔叔呢!他的注意范围渐渐地扩大,也渐渐地开始明白,世界上的好东西并不只是他的"地汪汪"。倘若将来有一天,他忘记了他的玩具箱而来听一个故事,那也并不奇怪。

---

① "诺亚船":圣经中的故事。古代洪水时,一切生物都淹死了,只有诺亚驾了一只船,载了各种生物,每种一对,得免于难。现在欧洲的孩子有这种玩具,都是用铅制成各种动物,好像小动物园般。

二、真故事与假故事

　　六位朋友相聚了。保罗叔叔正在读一本厚书,杰克用柳条编着篮子,恩妈在调丝,克莱儿用红丝线在布上绣着花,爱密儿和喻儿一起玩着"诺亚船"。他俩把许多动物一长条地排列起来,把马放在骆驼后面,狗放在马后面,接着是羊、骡子、牛、狮子、象、熊、羚羊,还有许多别的动物。他们把这些动物一直排到船边。爱密儿和喻儿玩得厌烦了,便对恩妈说道:"恩妈讲一个故事给我们听,要好听一点儿的。"

　　恩妈答应了,一面讲着故事,一面摇着纺车。

　　"从前有一只蚱蜢和一只蚂蚁一起去赶集。河面已经结了冰。蚱蜢用力一跳,便跳到了河的对岸。但蚂蚁不能像蚱蜢那样跳,它对蚱蜢说:'让我骑在你肩膀上,我身子轻得很。'但蚱蜢说道:'向我学,跳,只要这样一跳便行了。'蚂蚁便照样一跳,但滑了一跤,把一条腿跌断了。

　　"冰,冰,你厉害,应该慈悲一点儿,但你真可恶,折断了蚂蚁的腿——可怜的小腿。

　　"于是冰说道:'太阳比我还厉害呢,它能把我融化。'

　　"太阳,太阳,你厉害,应该慈悲一点儿,但你真可恶,把冰融化了;冰,你折断了蚂蚁的腿——可怜的小腿。

　　"于是太阳说道:'云比我还要厉害呢,它能把我遮住。'

　　"云,云,你厉害,应该慈悲一点儿,但你真可恶,遮住了太阳;太阳,你融化了冰;冰,你折断了蚂蚁的腿——可怜的小腿。

　　"于是云说道:'风比我还要厉害呢,它能把我吹走。'

　　"风,风,你厉害,应该慈悲一点儿,但你真可恶,吹走了云;云,你遮住了太阳;太阳,你融化了冰;冰,你折断了蚂蚁的腿——可怜的小腿。

　　"于是风说道:'墙壁比我还要厉害呢,它能挡住我。'

"墙壁,墙壁,你厉害,应该慈悲一点儿,但你真可恶,挡住了风;风,你吹走了云;云,你遮住了太阳;太阳,你融化了冰;冰,你折断了蚂蚁的腿——可怜的小腿。

"于是墙壁说道:'老鼠比我还要厉害呢,它能在我身上打洞。'

"老鼠,老鼠,你厉害,应该——"

喻儿不耐烦地嚷起来:"恩妈,说来说去总是一样的东西。"

"不是一样的东西,孩子。老鼠之后来了猫,猫吃掉了老鼠,扫帚打猫,火烧扫帚,水熄了火,牛饮水解渴,苍蝇叮牛,麻雀食苍蝇,网又捉住麻雀……"

"是不是还要像这样长长地连续下去呢?"爱密儿问。

"你要多长,便多长,"恩妈回答说,"因为无论多么厉害的东西,总有比它更厉害的东西存在着。"

"不错,恩妈,"爱密儿说,"但是这故事听得我疲倦。"

"那么另外讲一个吧:从前有一个樵夫和他的妻子,他们穷苦得很。他们一共有七个孩子,最年幼的一个身体非常非常小,小到一只木鞋可以做他的卧床。"

"我知道那个故事,"爱密儿又打断了她的话,"那七个小孩在林中迷路了。本来进这林子的时候,拇指胡波①是用白石子在路上做着记号的,可是后来改用面包皮,鸟儿吃掉了面包皮,于是小孩们都迷路了。拇指胡波爬上一棵树,看见远处有一点儿灯火。他们便跑去。啪嗒——啪嗒——啪嗒! 原来这地方住着一个吃人的妖怪!"

"那些都是假的。"喻儿说,"什么穿靴的猫②啰,什么灰姑娘③遇到仙

---

① 拇指胡波是欧洲著名的传说中的角色,每个孩子都熟悉。聪明的拇指胡波不但救了弟兄七人,杀了妖怪,并且帮助国王打了胜仗,成为国王的大臣。
② 穿靴的猫也是欧洲著名的传说中的角色。
③ 灰姑娘是一个可怜的女孩子,她的两个姐姐出去跳舞了,她独自留在家里。后来遇到一个仙人把南瓜变成马车,蜥蜴变成仆人,载了灰姑娘到舞会去。舞会上王子很喜欢她,和她一同跳舞。时间将到12点钟,灰姑娘急忙回家,因为仙人说过,过了此时,马车、仆人都会没有的。王子硬要留她,被她挣脱,只拾得一只鞋,后来王子根据这只鞋找到了灰姑娘,娶了她。这是《格林童话》中最著名的故事之一,几乎所有的孩子都知道。

人，南瓜变成了马车，蜥蜴变成了仆人啰，什么蓝胡子先生①啰，那些都不是真的。它们是神仙故事，而不是真的故事。我要听实实在在有这件事的真故事。"

听到实在的真故事这几个字后，保罗叔叔抬起了头，把手中的厚书合了起来。这时候正是一个很好的把谈话转向比恩妈的更加有用和有趣味的题目上去的机会。"我很赞成你要听实在的真故事。"他说，"同时你将在那些真实的故事中找到在你这么大时觉得很好玩的奇奇怪怪的东西，并且还很有用处。一个真实的故事比吃人的妖怪嗅到生人气、仙人把南瓜变成马车、蜥蜴变成仆人的假故事要有趣许多，不是吗？假如和事实比较，那么小说故事只不过是一种可怜的小玩意儿，因为事实是大自然的工作成绩，而小说故事只不过是人们的空想。恩妈讲的蚂蚁要跳过冰河跌断了腿的故事并不能使你们感到有趣。我能引起你们的兴趣吗？谁要听蚂蚁的真故事？"

"我要！我要！"爱密儿、喻儿和克莱儿都叫了起来。

---

① 蓝胡子是欧洲传说之中的人物。蓝胡子专娶有钱人家的姑娘为妻，待骗到了钱，便把那姑娘杀了。

三、蚂蚁筑城

"他们是本领高超的工人。"保罗叔叔开始讲道，"有许多次，当太阳开始放射出暖暖的阳光时，我很高兴地观看着蚂蚁们的活动。它们在小泥丘的周围爬来爬去，每个小泥丘的顶上都开了一个洞，以便进进出出。

"这里有几只蚂蚁先从这洞的底下爬出来，别的蚂蚁紧跟着出来，还有许许多多的蚂蚁都在不断地拥出来。它们嘴上都衔着一粒谷子般大小的泥粒，这粒泥对于它们是很重的。到了泥丘的顶上时，它们放下这副重担，让泥粒沿着斜坡滚下去，接着它们再爬进洞去。它们从不在半途中闲玩，更不和它们的同伴偷懒休息！它们是非常勤劳的，放下一粒泥以后，便立刻进洞去搬另一粒。它们这样忙是在干什么呢？

"它们在建造一座地下城市，有街道，有市场，有宿舍，有贮藏食物的仓库；它们在为各自和各自的家庭掘一处安居的地方。在一处雨水渗透不到的深处，它们掘出泥土，打一条坑道，这条坑道继续延伸，成为长长的一条街道，再加上分支，或左右交叉，或上下连接，直通向几间大厅堂。这些艰巨的工作都是靠牙齿的力量，一口口地咬出来的。假如有人看见了地底下竟有这么一大队乌黑的矿工在工作着，他一定会惊讶不已的。

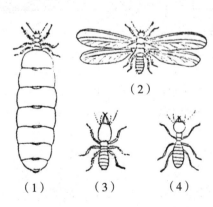

（2）

（1）雌白蚁 （2）雄白蚁 （3）兵蚁 （4）工蚁

白蚁

"它们有几千只，都在最深

最黑暗的地方,抓,咬,拉。何等耐劳啊!何等努力啊!我看见过许多蚂蚁,头在非常重的担子下有些抖动,但是它们还是奋力地把泥粒搬到丘顶上。在碰到它们的同伴时,它们好像在说:'看啊,我在努力工作!'没有一个人能够责备它们的骄傲,因为勤劳工作的骄傲是最光荣的骄傲。慢慢地,在这城市的大门口,就是在那洞口的边缘上,小泥丘一点点地被下面在建造城市时掘出来的材料堆积起来,那泥丘愈大,下面的市镇也愈大,这是很显然的。

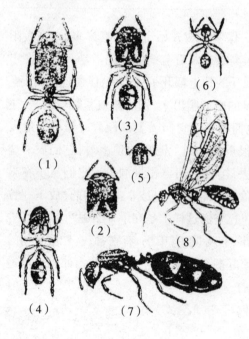

(1)兵蚁　　　　(2)工蚁之头部（放大）

(3)大工蚁　　　(4)中工蚁

(5)中工蚁之头部　(6)小工蚁

(7)女王　　　　(8)雄蚁

蚁之阶级

"只在地下掘好这些坑道是不够的。它们必须防止上面的泥土塌下来,填塞不坚固的地方,得用柱撑住屋顶,把各部分划分开来。除了这些'矿工'以外,还有'木匠'。矿工是把地下的泥搬到泥丘上面去,木匠是把建筑材料搬进来。那些材料是什么呢?原来是些适于建造之用的木片、柱梁、小桷栅等。一根细小的稻草便可做坚硬的天花板,一片干叶子上的茎便是一根最坚固的梁柱。木匠到附近的森林里去挑选,就是说到附近的一丛青草里去,挑选它们需要的材料。

"好极了!你们看,这样的一颗麦粒的壳,很薄,很干,又很坚硬。这是很适合的板材,可以用来分隔下面的房子,但这对蚂蚁来说很重,非常重。找到麦壳的蚂蚁便用力去拖,直到它六条腿都发抖了,这片笨重的东西还是纹丝不动。它又试一试,小身体全部都抖动了,此时那麦壳才稍稍动了一动。这只蚂蚁承认自己的力气是不能胜任了,它便跑掉了。它是不是把这片东西放弃了呢？不！它拥有足够的达到成功的耐心。果然，那蚂蚁回来了，后面跟着两个帮手。它们一个在前面拉，两个在两旁推，现在你们看啊！那壳动了，滚了，跟着蚂蚁去了。它们一路走去虽然困难，但路上遇到别的蚂蚁，都会来帮助它们的。

"那麦壳终于到了地下城市的大门口，但麻烦又来了，那东西横转过来，斜搁在洞的边上，就是不肯进去。帮忙的蚂蚁都从下面赶出来，10个，20个……一齐用力推拉，但仍不能成功。有两三只蚂蚁，大约是它们的工程师，离开了这些蚁群，研究着搬不动的原因。问题终于解决了，它们把这麦壳的一头向下，另一头朝天，竖起来。它们把麦壳向后拖一点儿，使一头搁在洞口上。一只蚂蚁咬住这一头，其余的蚂蚁把搁在地上的一头举起来，这样，那麦壳翻了一个跟斗，跌进洞里去了。那麦壳上还有一个木匠，跟着一起跌了下去。孩子们，你们认为那些衔了泥粒爬上来的矿工看见这样一桩工程会因好奇而停下来吗？不，一点儿也不会，它们没这闲工夫。它们把掘出来的东西搬着走过，眼睛斜也不斜。在紧张的工作中，它们甚至敢冒着断头折足的危险，从那摇摇欲坠的栋梁下溜过。

"任何人在辛勤工作时，都会肚子饿。辛苦的工作之后，食欲最大。于是榨牛奶的蚂蚁便走了来，它们把刚从牝牛那里榨得的牛乳分配给每个做工的蚂蚁。"

说到这里，爱密儿不禁笑了出来，他对保罗叔叔说道："这是不是真的呢？榨牛奶的蚂蚁、牝牛，还有什么牛奶！这和恩妈讲的神仙故事是一样的。"

对于保罗叔叔刚才所讲的奇怪的故事，并不只是爱密儿一人觉得惊异。恩妈也停住了纺丝杆，杰克也不编他的柳条篮了，喻儿、克莱儿睁大眼睛望着叔叔不说话。大家以为保罗叔叔是在开玩笑。

"不，好孩子。"保罗叔叔说，"我不是在开玩笑，不。我并没有讲假故事。蚂蚁中的确有一种榨牛奶的蚂蚁，并且的确有牛，但那需要有事实来说明。我们且待明天再说吧。"

爱密儿把喻儿拉到一个角落里对他说道："叔叔的真故事很有趣，比恩妈讲的要好听多了。我情愿丢开'诺亚船'来听那些奇怪的牛的故事。"

四、蚁牛

第二天早晨，爱密儿还是睡眼惺忪，就已经想起了蚂蚁的牛。他对喻儿说："我们一定得请求叔叔今天早晨就讲完他的故事。"

他们说着爬起来去找保罗叔叔。

"啊哈！"保罗叔叔听了他们的请求以后，笑出声来，"蚂蚁的牛引起你们的兴趣了。我不只要讲，还要详细地指给你们看。首先，我要叫克莱儿来。"

克莱儿立刻就来了。保罗叔叔把他们带到花园里的接骨木下，在这里，他们见到了这样的情形：

接骨木上盛开着满树的白花。蜜蜂、苍蝇、硬壳虫、蝴蝶，在花丛中飞来飞去，发出嗡嗡的声音。在接骨木的干上、树皮的边缘上，成群的蚂蚁正在慢慢地爬行着，有的向上，有的向下。那些向上爬的似乎特别勤奋。它们有时拦住向下爬的，好像在向它们询问上面的情形。听了介绍后，它们爬得更起劲了，证明消息是好的。那些向下爬的，一点儿也不显得匆忙，一步步地爬着。它们很高兴地停下来，回答询问它们的同伴。向下爬的蚂蚁之所以没有向上爬的匆忙，原因是很容易明白的。向下爬的蚂蚁的肚子已经装得满满的、重重的，样子怪难看的；向上爬的蚂蚁的肚子都瘪得可怜，好像很饿。你们不要弄错了：向下爬的蚂蚁是刚从饭厅里出来的，吃得既醉且饱，肚子装得太重，只好慢慢地爬了；向上爬的蚂蚁也是赴同样的宴会，因空肚子的催促，更加使它们迫切地向接骨木的上面爬去。

"他们在接骨木上能找些什么来填饱肚子呢？"喻儿问，"这里有几只简直爬也爬不动了。啊，贪嘴的东西！"

"贪嘴？不！"保罗叔叔纠正他的话，"它们的贪吃有一个有价值的动

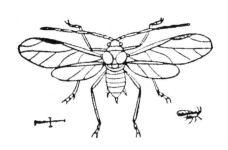

木虱

（放大的形状，左下是它原来的大小，右下是敛翼时之状）

机。接骨木上有无数的蚂蚁们的牝牛。那些向下爬的蚂蚁刚刚榨取了牛奶装在肚子里，准备带给蚂蚁城里的工蚁们吃。让我们再看一看那些牛，看一看它们怎样榨牛乳的。我预先告诉你们，不要以为那些牛像我们生活中的牛一样。对于它们，一片叶子就是一片牧场了。"

保罗叔叔把一根枝丫拉下来，大家都仔细地看着。无数只漆黑的柔软的小虱子动也不动地相互紧紧地挨着，覆盖了一片叶子的背面和一根柔嫩的新枝。它们嘴上的吸管比一根毛发还要细，插入树皮里，它们可以一动也不动地吸取接骨木的汁水。在它们背上的下端，有两条短而空的毛发——两根管子。在那里，假如你看得仔细一点儿，可以看到一小滴汁水。这些黑虱子叫木虱，是蚂蚁们的牝牛。那两根细管子就是牛的乳房，尖端上滴出来的汁水就是牛奶。当它们一群挨得很紧的时候，那些饿着的蚂蚁便在它们的背上爬来爬去地找寻美味的乳汁。小蚂蚁一看见便迅速跑过去，饮着，感觉很快乐，它的头挺起来好像在说："啊，好极了！啊，味道美得很呀！"但木虱对牛奶是很吝啬的，它们不会让奶从管子里全部流出来。蚂蚁便会像挤奶女郎一样，在牛不肯给奶的时候，使出它的本领，用它的触须，就是用它那精致的、柔软的小角，轻轻地触木虱的肚子，刺激出牛奶的管子。蚂蚁这样做差不多回回成功。木虱听话了，一滴汁水马上从管子里滴出来。啊，这是何等美妙！倘若在一只木虱那里装不饱肚子，蚂蚁便爬到别的木虱那里去施展同样的手段。

保罗叔叔把枝丫放开，牛奶蚁、蚁牛和牧场立刻又回到了接骨木的顶上。

"那真奇怪啊，叔叔。"克莱儿叫了出来。

"是很奇怪,亲爱的孩子们。为蚂蚁养育乳牛的树不只接骨木一种,在别的植物上也有木虱。玫瑰树和白菜上的木虱是绿色的;接骨木、豆莺粟、荨麻、杨柳、白杨等上的木虱是黑色的;橡树、蓟等上的木虱是紫铜色的;夹竹桃、坚果等上的木虱是黄色的。那些木虱都有两根滴乳汁的管子,争着来喂蚂蚁。"

克莱儿和叔叔跑进门去了。爱密儿和喻儿被刚才的情形迷住了,他们开始在别的植物上找木虱。不到一个钟头,他们找到了四种,看了个够。

五、牛棚

晚上,保罗叔叔继续讲蚂蚁的故事。这时候,杰克本来是应该到家畜棚里去看看牛是不是在吃草,喂饱了的小羊是不是睡在它们妈妈的怀里的,但他假装着不知道,继续编着他的柳条篮子。其实他心里的念头是在蚂蚁的牛身上。保罗叔叔把早上在接骨木上所见到的情形重新详细地说了一遍:木虱怎样从管子里滴出甜蜜的汁水来,蚂蚁怎样饮取这种鲜美的汁水,并且在必要时又懂得怎样使出榨取牛奶的手段。

"主人,"杰克说,"你的故事使我这老古董的头脑开通了不少。上帝是多么关心他的百姓啊,我们有乳牛,蚂蚁们竟也有它们的'乳牛'。"

"是的,亲爱的杰克。"保罗叔叔说。对于一个有思想的人来说,一个硬壳虫儿钻进花心里吸取花蜜,一块瓦上的青苔给太阳晒得叫苦,又被雨水所滋润,这些都蕴含着伟大的大自然的奇迹。

"现在回到我们的故事上来。假如我们的牛在乡里乱闯,我们要牛奶时便不得不赶到很远的牧场里去找它们,以取得乳汁。这不但要经过很长的路程,而且找到找不到还是未知。这样的工作真是一桩苦差事,而且有时还不能完成。那么我们怎么办呢?我们把它们放在手头得了,或者关在栏里,或者放在棚子里。蚂蚁对于木虱也是一样的。为了避免辛苦的跋涉,它们便把木虱放在一个园子里,虽然它们并不完全有这样的先见之明。即使它们有了,也不可能造起一座大大的园子来容纳无数的牲畜和它们的牧场(植物的叶子)。譬如今天早晨我们所见的住满了黑木虱的接骨木,叫蚂蚁怎样能造得出这么大的围墙来呢?它们受到能力的限制,只能搬几根草,在那些草上面养一些木虱,像这样的园子还是可行的。

"蚂蚁们制订了一项小规模的饲养计划:在夏天的时候建造一所避

13

暑的牛棚，把木虱关在里头，以避开强烈的阳光。它们自己也要在里头居住一段时间，以便把牛放在手头，闲暇时便可以榨奶。因此，它们开始搬一些泥粒放在那些草的根部，遮住那些根的上端。这些露在外面的根组成了一种天然的基石，以作为沿墙的根基。现在，一粒粒的干土都堆了起来，形成了一个大的圆顶，这圆顶建筑在根的基础上环绕着草的茎，高至木虱所居之处。边上开着洞，以便它们料理牛棚里的事务。避暑的牛棚修筑好了，住在里面的牛感到凉爽而舒适，且食料充沛。还有比这更幸福的吗？牛住在那里很安逸、很得意，就是说，它们的吸管已插入草皮了。这样，蚂蚁们便可以不出家门一步，从奶管子里吸得甜蜜的牛奶。

"在我们看来，那些泥土做的牛棚是不结实的建筑，是在极草率、极仓促之间完成的。我们只要稍稍吹重一口气，便可以把它们吹倒。为什么费了许多力气来盖这样一座座不坚固的遮棚呢？它们是无法盖得牢固的。高山上的牧羊人用松枝造了一所可以蔽身一两个月的小棚，他们不是也费了很多工夫吗？

"据说蚂蚁不乐意为很少的木虱造遮棚，它们时常把稍远地方的木虱搬过来。当它们找不到现成的棚时，便像这样做一个。像这样的一个伟大的先见，对于我倒并不感到生疏，但我无法马上来证实，因为我还没有证实的机会。这样的木虱的棚，我的确是见过。假使喻儿能够细心一点儿，你便能在今年夏天最热的时候，在盆栽植物的根边找到几个。"

"那是一定的，叔叔。"喻儿说，"我一定要去寻找它们。我要看看这些蚂蚁做的奇怪的牛棚。但你还没有告诉我们，当蚂蚁找到了一群木虱时，为什么那样贪吃。你刚才说，那些在接骨木上向下爬的蚂蚁是装饱了肚子去分给蚂蚁城内的朋友吃的。"

"一只寻找食物的蚂蚁遇到食物时，自然自己也吃，但它并不自私。当蚂蚁自己吃饱时，它就立刻想起了别的饿着肚子的蚂蚁。我的孩子，在人类社会中，像这样的精神是不常见的。有许多人，当自己吃饱时，便以为每个人都和他们一样吃饱了。这种人是自私的，上帝永远使这种人戴上这个可怜的恶名，但在像蚂蚁这样卑贱的小动物看来，自私是非常羞耻的。当蚂蚁吃饱时，它们就会想起还饿着肚子的朋友，这时，它们会马上再装满它们仅有的一个搬运牛奶和食物的工具——它们的肚子。

"现在看啊，它的肚子装得满满的回去了。它的肚子多么鼓，使得别的蚂蚁能够来分吃。坑夫、木匠和别的许多建筑城市的工蚁都等着食物，以便吃饱了更勤劳地做工，由于工作繁忙，它们不能亲自出去寻找那些木虱。榨牛奶的蚂蚁碰到了一个木匠，木匠蚁正在拉一根稻草。两只蚂蚁碰到了，嘴对嘴地接起来，好像在亲吻。运牛奶的蚂蚁吐出了一小滴它肚子里装着的乳汁，另一个则贪婪地吃着。味道真是鲜美极了！吃完后木匠马上再回到稻草那里，啊，你们看它现在做得多卖力啊！而送牛奶的蚂蚁则继续它运送的路程。它遇到了另一只饿肚子的同伴，再来一个吻，吐出一小滴牛奶，嘴对嘴地送了过去。这样一直前行，遇到饿肚子的蚂蚁便喂，直到它肚子里所装的牛奶都吐空为止。之后，牛奶蚁便回去再装。

"你们知道，要一口一口地喂一群不能亲自去找食物的工蚁，单单一只牛奶蚁是不够的，必须有一大群的牛奶蚁才行。在地底下温暖的卧房里，还有一大批饿着肚子的蚂蚁。它们是小蚂蚁，是蚂蚁的孩子，是城市中未来的百姓。我要告诉你们，蚂蚁和别的昆虫一样，都是从蛋里生出来的。"

"有一天，"爱密儿插嘴说，"我拿起一块石头，只见石头下面有许多的小白粉点，蚂蚁们都抢着往地下搬。"

"那些白色粉粒样的东西是蚁蛋。"保罗叔叔说，"蚂蚁把它们从地底下的屋子里搬出来，安放在石下，是为了使其得到太阳的温暖而孵化出小蚂蚁。当石头拿起来时，它们马上又搬下去，为的是要放在一处安全的地方，避免危险。

"刚从蛋里出来的小蚂蚁并不像你们所看见的那样，而是一条小白虫，没有脚，甚至没有翻身的力量。在一座蚂蚁城里，像这样的小虫有几千条。牛奶蚁一刻不停地跑来跑去，给那些小虫喂奶，抚养它们长大成蚁。你们想想，单单养育那些卧室里的小东西，牛奶蚁需要榨取多少的牛奶才够啊！"

六、狡猾的长老

"大大小小的蚂蚁城到处都有，"喻儿说，"单单在花园里，我就可以找出一打。蚂蚁从蚂蚁城里爬出来时，密密麻麻，连路都变黑了。要养育所有这些城市中的百姓，真需要很多的木虱啊！"

"它们虽然很多，"叔叔说，"但它们不会缺乏牛的，因为木虱更是不计其数。那些木虱多得往往严重地影响到我们的收获。那些卑贱的小木虱居然会向我们人类宣战。要说明这一点儿，你们得听听下面这个故事：

"从前印度有一个国王，终日闷闷不乐。一个回教的长老为了使他快乐起来，发明了一种棋。你们不懂得这种棋的玩法，是这样的：棋盘上排列着两种敌对的棋子，一边是白的，另一边是黑的，有不同的棋子：兵卒、骑兵、将军、主教、炮台、王后及国王。棋战开始了。只有兵卒，就是步兵，是先锋。国王在重兵保护之下，远远地观望着战场。接着骑兵冲出去，用他们的剑左右冲杀，甚至连主教也打得极为起劲，巡行的炮台到处驱驰着保护全军的左右翼。胜负定了：黑方，王后做了俘虏，国王失掉了他的两个炮台，一个将军和一个主教掩护国王脱逃，但最终国王也被捕了。

"这种聪明的模拟战争的玩意儿，使得这位烦闷的国王大为欢喜，他问长老想要点儿什么奖赏。

"'大王在上，'那位发明者说，'一个小小的僧侣是很容易满足的。请你在棋盘的第一个方格内给我一粒麦子，第二个方格内给我两粒麦子，第三个方格内给我四粒，第四格内八粒，以后每一格内总要比前一格多一倍，直到最后一格（棋盘内一共有八八六十四格），这样我便很满足了。足够我的蓝鸽子吃几天了。'

"'这个人是一个傻子。'国王暗自说,'他本可以发大财的,但他只要我给他几把麦粒。'国王转身向大臣道:'拿10袋金钱给这个人,再送他一袋麦子。这比他所要的已多出100倍了。'

"'大王在上,'长老答,'收起你的金钱吧,这对于我的蓝鸽子是丝毫没有用处的,只要给我所需的麦粒便是了。'

"'很好。那么我就多给你一点儿,你拿100袋去吧。'

"'不够的,大王陛下。'

"'你拿1000袋去吧。'

"'不够的,大王陛下。我的棋盘的方格内还没有装足它们应得的麦粒。'

"在这时候,朝廷上的文武百官相互私语着,诧异那长老的简单要求:1000袋的麦子还不够一粒麦子的自加64次?国王不耐烦了,召集了几个有学问的臣子,让他们计算长老要求的麦粒数。长老狡猾地捋着胡子笑,很谦虚地走向一旁,等待计算结果的揭晓。

"现在看啊,在计算人的笔下,那数目愈加愈大了。计算完了,第一个计算人站了起来。

"'回禀我王陛下,'他说,'从计算的数目上来看,要满足这位长老的要求,你谷仓里所有的麦粒还不够。不仅如此,就是全城、全王国,乃至全世界的麦粒都不够,因为他所要的麦粒可以把海洋、大洲,乃至全地球覆盖,并且可以盖上一指厚。'

"国王愤怒地咬着他的髭须,没有法子。后来他封那长老为'维齐尔'。这是狡猾的长老所要的。"

"我和国王一样,也钻进了长老的圈套了,"喻儿说,"起先我也以为他只要一粒麦粒的自加64次,那也只不过是几把麦粒而已。"

"所以呀,"保罗叔叔答道,"你要知道一个无论小到如何的数目,假使不断地自己加了又加,好像一颗在滚动的雪球,可以立刻成为一个巨大的球,使得我们用尽气力都搬不动。"

"这长老真是一个滑头。"爱密儿说,"他很谦虚地只要一粒麦子,在每一个方格上加倍起来,看似只为他蓝鸽子的食料,实际上他所要的已经比国王所有的还要多了。叔叔,什么叫作长老呢?"

"长老是东方的僧侣。"

"你刚才说国王封他做'维齐尔',这是一个大官吗?"

"'维齐尔'就是首相或总理大臣的意思。那个长老以后便成为这个国家里'一人之下万人之上'的大官了。"

"哦,这样我就不再怀疑他为什么拒绝 10 袋金子了。他是等待着更丰厚的奖赏。"

"长老把麦粒加倍了 64 次,10 袋金子跟这个比起来真是不算什么了。"

"那木虱和这有什么关系呢?"喻儿问。

"长老的故事会很快把我们引到这上来的。"叔叔对他说。

七、众多的家族

"假设有一只木虱，"保罗叔叔继续讲下去，"刚刚在一棵玫瑰树的嫩枝上住下来，只是一只，单独的一只。过了几天之后，小木虱们就环绕着它了，它们是它的儿子。它们有多少呢？10 只，20 只，还是 100 只？我们且算是 10 只吧。这区区 10 只是不是能够繁殖种族呢？你们不要笑我问的这个问题。假使玫瑰树上一只木虱也没有，一切事物就不会有什么值得注意的变动了。"

"蚂蚁将可怜得走投无路了。"爱密儿说。

"即使最后一只木虱死在叶子上，地球还是要照常转动的。事实上，问 10 只木虱能不能繁殖种族的问题并不是无理取闹，因为自然科学的最大目的无非是考察各种生物，得到每种生物适度繁殖所用的神秘方法。

"那么 1 只木虱生出来的 10 只木虱，假如我们不去伤害它们，将会产生无数的新木虱。1 只生出 1 只，那么 10 只就会生出 10 只；假如 1 只生出 10 只，那么在短时期内便可以大量地增加。你们想：长老的一粒麦粒，加倍 64 次，可以得到使全世界都盖上一指厚的麦粒。假如不是加 1 倍而是加 10 倍，那么结果将会怎样呢？同样的情形经过几年以后，则继续 10 倍 10 倍地增加，将要把全世界都覆盖了。但是木虱的早熟和早死是一个不可抗拒的自然规律，可以阻止它过度地繁殖，并且还有一个作用，就是使之保持在永久的年青状态之中。一株玫瑰树上的木虱看来好像非常平静，其实每一分钟都有大量的死亡。小的、弱的木虱都是强者、大者常用以果腹的面包。像木虱那般细小、软弱，没有一点儿防护的能力，它们要面临多少危险呀！还有刚从蛋壳里钻出来的小鸟，它们锐利的眼睛一见到木虱繁殖的场所，木虱便成了它们的食物，一喙便是数百个！假使再有一条以木虱为食的极其贪嘴的小虫加入进来,这时,可怜的小木虱呀,你们的种族的确很危险呀!

"这种吞食木虱的虫是碧绿色的,背上有一条白色条纹,前尖后圆。当它缩成一团时,看起来好像一滴泪水。人们叫它蚂蚁的'狮子',因为它很贪吃那些蚂蚁的蠢笨的牛群。它在木虱群内住下,用它尖锐的嘴捉住一只最大最肥的木虱,把木虱肚子内的汁水吸个精光,把尸体抛在一边,因为木虱的皮太硬了,无法下咽。它的头又低下去,捉住另一只木虱,继续吸食,于是一只接一只地吃20只到100只。那蠢笨的木虱群慢慢地被吃得稀疏起来,但它们自己一点儿也没有觉察到。被捉住的木虱在狮子的牙缝间挣扎着,其余的木虱好像什么事也没有发生,还是自己顾着吃自己的。木虱是连肚子吃出毛病来都不怕的!它们吃着,同时又等待着被吃。狮子吃饱了便伏在木虱群里休息,等待消化。不多一会儿便完全消化了,那馋嘴虫儿把眼睛又盯住那些它即将开始吃的蠢木虱。这样不断地吃着,吃了两星期,把它左右的木虱群都吃完了,它变成了一只美丽的小蜻蜓,眼睛亮亮的像是两块金子!这蜻蜓的名字叫作草蜻蜓。

瓢虫

"木虱的敌人就仅于此了吗?不!还有瓢虫。它的身体圆而红,背上有黑色的斑点,模样儿怪好看的。像这样的东西谁会想到它也是一位专吃木虱的食客呢?假使你们向玫瑰树中仔细地看一看,便会看到它吃得是多么贪婪。它很美丽,但很馋嘴,非常喜欢吃木虱。

"只有这两种吗?不!那些可怜的木虱生来就是各种馋嘴食客的家常便饭。小鸟要吃它们,草蜻蜓要吃它们,瓢虫要吃它们,各种各样的馋嘴食客都要吃它们,但还是到处有木虱。啊!在繁殖与毁灭的斗争中,弱者只有竭力逃避千千万万被消灭的灾难。无论那些馋嘴食客如何从各方面来掠夺它们的食物,被食者都以一条简单的'计策'——牺牲一百万个保存一个来保住种族。它们愈弱,繁殖力就愈强。

"青花鱼、鳘鱼和沙丁鱼是海、陆、空馋嘴食客们的食物。鱼儿在海中时刻都有死亡的危险。肚子饿着的海中食客环绕在鱼群的周围,空中的食客飞翔在海面之上,陆上的食客在岸边等着它们。人类在攫取一份海味时,特别凶横。人们组织起了船队,和海军一块儿出去捕鱼,这种海军世界各国都有。人们把鱼放在太阳下晒,腌,熏,打起包来。虽然捕捉得这样凶狠,但并不见鱼儿减少。因为,弱者多得不计其数。一尾鳖鱼能产子900万! 那些馋嘴食客怎样能把这样一个家族吃尽呢?"

"900万个鱼子!"爱密儿大叫起来,"那是一个很大的数目吗?"

"不错,单单把它们一个个地数一数,就要费时100天,而且每天要数10小时。"

"谁去数的,他一定非常有耐心。"爱密儿说。

"他们不是数的。"保罗叔叔说,"他们是用秤来称的,称起来是很快的,从称得的重量求出实际的数目。"

"像海中的鳖鱼一样,玫瑰树和接骨木上的木虱也要面对许多死亡的威胁。我前面已经讲过它们是一大批食客的家常便饭。因此,为了要保持繁盛,它们有着比任何昆虫都要快的繁殖方法。先生蛋,再从蛋里孵化出小木虱,这种方法太慢了。木虱并不是这样的,它们是直接生出木虱,而那些小木虱只需生长两个星期就可生出下一代木虱。这样反复持续几个季节,至少得持续半年,这期间各代子孙的互相交替有12代以上。我们且说1只木虱生出10只,这数目当然离庞大的数目尚远。第一只生10只,各自再生10只,成为100只;那100只各自又生10只,成为1000只;1000只各自再生10只,成为10000只⋯⋯这样继续10只10只地乘上去,一直乘11次。这个计算和那长老的麦粒计算一样,长老的麦粒数目是一倍一倍地加起来成为异常惊人的数目,而木虱的数目则是10倍10倍地加起来,所以增加十分迅速。固然,乘到11次不再乘了,并不要乘到64次,但结果同样使你们惊骇,那是一万万万。一个个地来数鳖鱼的卵要费时近一年;数一只木虱在6个月中的子子孙孙要费时1万年! 那些食客能把那些可怜的小木虱吃尽吗? 你们猜,倘若把这些木虱像接骨木上的那样紧密排列起来,要占多少土地?"

"怕要占像我们家花园一样大的一块地方吧?"克莱儿猜道。

"还要大,花园不过是100米长,100米宽。一个木虱的家庭所占的地方是花园面积的10倍,就是10公顷(1公顷 = 10000平方米)。你还有什么话说吗? 那些小鸟、小瓢虫、草蜻蜓在做消灭木虱工作的时候,不是感到很麻烦吗？假如不去消灭它们，一只木虱所生的子孙在数年之后便可覆盖整个地球。

"尽管肚子饿的食客大量地吞食它们，木虱还是会严重地威胁着人类。有时，有翅的木虱飞在空中，密集得像云雾一样，足以遮住太阳光。它们这样乌黑的一大片从一个县飞到另一个县，停在果树上，贪婪地吸取树汁，直到果树死亡。啊！当大自然要磨难我们的时候，便把它们放出来，差它们来，是要惩罚我们太骄傲，瞧不起一切卑下的生物。当那些细得不易见的吃草朋友、最软弱的木虱飞来时，人类便要恐慌了，因为地球上的好东西都将处在危险之中。

"以人类的本事竟对这些小东西束手无策，无法战胜这样庞大的数目。"

保罗叔叔讲完了蚂蚁和它的牛的故事。好久，爱密儿、喻儿和克莱儿互相谈论着不计其数的木虱和鳖鱼的家族，在数到百万、千万、万万时，便弄得糊涂了，保罗叔叔说得没错，他的故事比恩妈的要好听多了。

八、老梨树

保罗叔叔刚在花园里砍倒了一棵梨树。那梨树很老了,它的树干都被虫蛀空了,已有好几年没有结梨了。在老梨树原来的地方,保罗另种了一棵梨树。孩子们看见他们的叔叔坐在梨树干上,他正在很专注地看一样东西。"1,2,3,4,5……"他一面数着,一面用手指在老梨树截断的地方点着。

"快来。"他叫道,"来,梨树等着把它的故事讲给你们听呢,它好像有什么有趣的事情要告诉你们。"

孩子们都哄笑起来。

"老梨树要告诉我们什么?"喻儿问。

"到这儿来看,看我用斧子砍断的地方。木上不是有几个圆圈吗?那圆圈开始绕着树心,后来慢慢地一圈圈地大起来,一直圈到树皮边。"

"我看见了。"喻儿答,"它们是一个套着一个的环。"

"这看起来好像是刚抛了一块砖到河里去,水面激起的一个个的圆圈。"克莱儿说。

"我近一点儿看,也看出来了。"爱密儿说。

"我要告诉你们,"保罗叔叔继续说,"那些圆圈叫年轮。你们知道它们为什么叫作年轮吗?因为每一年是一个圈,只有一个,记着,不多也不少。那些终生研究草木的有学问的人,人称植物学家,告诉我们一年只生一个圈,这是毫无疑问的。从种子抽芽开始,一直到它老死,每年增加一个圆圈——增加一层木质。明白了

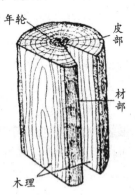

树的年轮

这个，我们便可以算出老梨树的年龄了。"

保罗叔叔拿一根针来帮助点算，爱密儿、喻儿和克莱儿都认真地看着。1，2，3，4，5……他们这样从树心数到树皮，一直数到45。

"树干有45个圈。"保罗叔叔宣布说，"谁能告诉我这是什么意思？老梨树多少岁了？"

"照你刚才所说的，那很简单。"喻儿答，"既然一年生一个圆圈，我们数了45个，那么这树一定是45岁了。"

"哎，哎！我讲的如何？"保罗叔叔满意地叫起来，"它不是讲了吗？它先把它的年龄告诉我们，作为它历史的开场。对的，梨树是45岁了。"

"多么容易的事啊！"喻儿叫道，"你能够知道一棵树的年龄，好像你看见它生出来似的。你数了树干上的圆圈，多少圈就是多少年。叔叔，我们一定要跟你学这些东西。那么别的树，如橡树、榉树、栗树，它们也和老梨树一样吗？"

"完全一样。在我们的地球上，每棵树木都是一年生一个圆圈。你们只要数它的圈，就可以知道它的年龄。"

爱密儿插嘴道："哎呀，真是万分可惜，那天他们把路旁边的大榉树砍倒了。哎！那树多么好啊！它所有的枝丫可以盖住一大块田。它一定是很老了。"

"并不老。"保罗叔叔说，"我数过它的圆圈，它有170个圈。"

"有170个圈，保罗叔叔！这是真的吗？"

"真的，一点儿也不错，我的小朋友，是170个。"

"那么那棵榉树有170岁了，"喻儿说，"一棵树能够活这么多年吗？假使那修路的不为了要加宽路面而把它伐掉，那么这棵树一定还可以活下去的。"

"对于我们，170岁的确是很大的一把年纪，无人活得到，"保罗叔叔继续讲下去，"但对于树木来说，还是很年轻的。我们到树荫底下去。关于树木的年纪，我还有许多话要讲给你们听呢。"

九、树木的年龄

　　"人们时常说到桑塞尔地方的一棵栗树,树干的周长至少有 4 米以上。根据最可靠的测算,它的年龄一定有三四百岁了。你们不要为这棵栗树的年龄而大惊小怪,我的故事还只是刚刚开场。你们知道:讲故事的人为了要吸引听众的好奇心,往往要把最精彩的部分放在最后讲。

　　"有许多很出名的大栗树,譬如瑞士日内瓦湖畔牛夫·赛尔地方和蒙特利马附近爱沙地方的大栗树。前一棵栗树在近根处有 13 米圆。1408 年时,树荫下住着一个隐士,这事的确存在过。以后过了 450 年,它长大了,被雷击了几次,但它还是很强健,满树披着绿叶。另一棵栗树则损坏得很是怪异。它的高枝已没有了,干有 11 米圆,有很深的裂缝,好像是皱纹。要计算这两棵巨树的年龄可不是一件容易事,也许有 1000 年了,而两棵老树还结着栗子,它们还活着——"

　　"1000 年! 倘使叔叔不说,我真不敢相信。"喻儿插嘴说道。

　　"嘘! 不要多嘴。"他的叔叔训诫他。

　　"世界上最大的栗树生长在西西里岛爱特那山的斜坡上。你们翻开欧洲地图时,在下端的地中海中部,有一块靴形的陆地,这是一个美丽的国家——意大利,在靴子脚尖的对面,横着一个三角形的大岛,这个岛便是西西里岛,岛上有一个著名的火山——爱特那山。我们再说那栗树,我要告诉你们,人们把这棵栗树叫作'百马栗树',因为古时阿拉伯国家的王后雅纳有一天出去游览这座火山,遇到了暴风雨,她和她的 100 骑人马一起在树下避雨。在树叶的笼罩下,马和人都没有淋湿。要环绕这棵大树,30 个人手拉手地围起来还不够,树干的周长至少有 50 米。从它的大小看来,说是树干,不如说是一个炮台或一座塔。树干下部的裂口足够容纳两辆马车并驾穿过树身。这棵古老的大树似乎还年轻,依旧果实丰硕。只拿大小来估量这棵大树的年龄是不可能的,因为人们以为像这样大的树干是由几棵栗树合并起来的,初时还可辨认,但后来因为接得太近,故而合为一个了。

"德国维登堡的纽斯塔特地方有一棵菩提树,它的枝丫一年年地生长出来,实在太长了,所以下面用了 100 根石柱支撑着。树枝所覆及的地方,周长有 130 米。在 1229 年,这树已很老了,因为那个时代的作家已经把它叫作'大菩提树'。它至今的可靠年龄足有七八百年了。

"19 世纪初期,法国有一棵树,比德国纽斯塔特的巨树还要老。1804年时,在涂克斯·赛佛尔的却理宫附近,可以见到一棵周长 15 米的菩提树。它有六个主要的枝丫,各有几根柱子支撑着。假如它活到现在,至少有 1100 年之久了。

"诺曼底阿洛维尔墓地的一棵老橡树是法国最古老的橡树之一。它的根伸向葬满死者的黄土,它特别茂盛。它的树干周长在近根部量起来有 10 米。一个隐士的木屋顶上的小尖塔耸立在它巨大的枝丫中间。树的下部有一半空了,空的部分被做成了一座小教堂,用来供奉我们的和平女神。最伟大的人物也要肃然起敬地走向这个简陋的神殿,在老树荫之下做祷告或保持片刻沉默。这古老的橡树已见过无数的墓开墓闭。照它的大小看来,大约有 900 年的寿命了,生它的那棵橡子一定是在公元 1000 年时发芽的。时至今日,老橡树仍毫无支撑地负着它巨大的枝丫。它被人们尊敬却遭雷电摧残,也许在它以后的年月中,还有和它以前一样长久的未来。

"还有许多出名的更老的橡树。1824 年时,阿顿尼斯地方有一个樵夫,砍倒了一棵巨大的橡树,在它的干内,他发现了祭祠用的古瓶和许多古钱。那棵老橡树已活了 15 或 16 个世纪,有一千五六百年。

"接着说阿洛维尔墓地的橡树,我将再告诉你们一点儿有关这些死者的朋友。因为它们生长在人们长眠的地方,这地方的神圣与庄严保护了它们不被人们损伤,得享这样的高龄。犹尔县海衣公墓内有两棵水松,格外受到保护。在 1832 年时,它们的枝叶遮盖了全部墓地和一部分教堂,一点儿没受到摧残,后来一次极猛烈的大风暴把它们枝叶的一部分吹掉了。除了这部分损坏,这两棵水松依然是巨大的老树。它们的树干完全空了,每棵树的树围量起来都有 9 米,它们的年纪估计有 1400

年了。

"虽然它们的年纪那么大,但还不及别的与它们同类树的年龄的一半。在苏格兰公墓中的一棵水松的树围量起来有 29 米,可靠年龄有 2500 年。另外一棵水松也在一处苏格兰的公墓内,由于它的巨大,1660 年时,全国都沸沸扬扬地谈论它。那时人们计算它的年龄已有 2824 年。假如它现在还活着,那么这棵欧洲的树祖宗已活了 30 个世纪,3000 年了。

"我的话到此为止,现在可以轮到你们说话了。"

"我宁可不说话,叔叔。"喻儿说,"你的长生不死的树听得我有些激动了。"

"我正在想苏格兰墓地中的老水松,你不是说有 3000 年吗?"克莱儿问。

"3000 年,我的好孩子,倘使我再讲点儿外国的树木给你们听,那树木的年龄还会增加不少。有几棵树的年纪竟和人类历史一样的古老呢!"

十、动物的寿命

喻儿和克莱儿被保罗叔叔讲的老树故事所引起的惊愕仍未消去,那些树竟然活了几千年。好动成性的爱密儿把这一次的谈话引到了另一个题目上去:

"那么动物呢,叔叔?"他问,"它们能活多久呢?"

"家畜并不能完全享受完大自然赋予它们的寿命。"保罗叔叔回答,"我们折磨它们,使它们过度疲劳,不给它们适当的庇护。我们要从它们身上榨乳、剪毛、剥皮、吃肉,总而言之,我们索取它们的每样东西时都会缩短它们的寿命,请问它们还能活得长久吗?我们暂且不说这些可怜的家畜,它们为了我们的所需而牺牲自己,为了使我们长寿而不能活完自己的寿命。假如说一只动物养得很好,一点儿不让它受到饥饿或寒冷,它平静地活着,一点儿也不曾受到屠夫的恐吓和过度的疲劳,在这些良好的条件之下,它能活多少年呢?

"我们从牛讲起。有一头牛,体格非常强壮!那么这头牛能活多少年呢?假使牛的年龄是由它的强壮而决定的,那么牛至少可活上100年了。"

"我也是这样认为的。"喻儿说。

"完全错了,我的好孩子。那牛虽然强壮,但太笨重,最老最老能活20年或30年。那岁数对于我们人类来说,正是血气方刚的时候,对于牛则已是暮年垂死的时候了。

"我们再说马。你们看,我并不是在最弱的动物中举例,而是在最强的动物中举例。马,还有它最亲近的同伴驴,没有活过30年或35年的。"

"我真的全错了!"喻儿叫起来,"我以为那马和牛如此强壮,足够活上 100 年哩。它们的身体多么大,所占的地方又多么广。"

"我并不知道,我的小朋友们,你们能不能听懂我的话,但我都要告诉你们。在这个世界上占据很广的地方并不是一个能平平安安地享受长命百岁的方法。世界上有许多人,他们占据了许多地方,并不是他们身体特别大——他们比我们也大不了多少——而是因为他们虚伪和充满野心的占有欲。他们能平安地活下去,活得长寿吗? 这是一个很大的疑问。让我们满足于自然所允许我们的年龄吧。我们要用心避开嫉妒的诱惑、蠢笨的骄傲,我们要全心全意地劳动、工作,而不是扩张野心。

"让我们快回到动物的题目上来。其他家畜的寿命更短:一条狗到了 20 岁或 25 岁时,便再也不能竖起尾巴沿街跑了;蹒跚的猪只有 20 年可活;猫儿最多活 15 年,便再也不能捕老鼠了,只好和屋顶告别,缩在谷仓的一角,不声不响地死掉;山羊和绵羊活到 10~15 年就是高龄了;兔子可活 8~10 年;可怜的老鼠若能活 4 年就算是寿星了。

"你们要听我讲鸟类的年龄吗? 那么好。鸽子可活 6~8 年;鸡、珍珠鸡、火鸡可活 12 年;一只鹅可以活得较久一些,能活 25 年,甚至更久一些。

"还有一些更长寿的鸟类。金翅雀、麻雀、飞鸟们自由自在地唱着、欢跃着,在阳光照射下的绿叶丛中只要吃几粒种子便快乐极了。它们可以活得比愚笨的火鸡长,和馋嘴的鹅差不多。这些快乐的小鸟可活 20~25 年,有一头牛那样的年纪。我刚才不是告诉你们了吗,在这世界上占据许多地方的并不一定能长寿。

"至于人类,假使他过的是正常的生活,一般可活到 80 岁或 90 岁,有时还可活到 100 岁或 100 岁以上。但是一个人的平均年龄不过是 40 岁左右,倘若能活到 40 岁以上,他便被人们当作幸福的人看待了。还有,我的好孩子,人类寿命的长短并不完全是用年龄来计算的。贡献愈大,活得就愈长,因为当他死去以后,虽然身体死了,但他的精神永远活在我们的心中。"

十一、锅

　　那天,恩妈已经非常疲乏了。她从架子上搬下了汤锅、小锅、灯盏、烛台、蒸锅等,还有几个盖子。她把它们擦洗干净,放在太阳下晾晒。它们反射着阳光,好像镜子。汤锅最特别,竟变成玫瑰色了,还有那不甘示弱的烛台也闪耀着金色的光芒。爱密儿和喻儿看得发呆了。

　　"我想知道汤锅是什么东西做的,竟这样好看。"爱密儿说,"锅的外面丑陋得很,都焦黑得涂着煤烟,但是它们肚子里是多么好看啊!"

　　"你想知道,就去问叔叔。"他的哥哥回答。

　　"好。"爱密儿答应道。

　　他们说完立即行动,马上去找他们的叔叔。保罗叔叔是不需要恳求的,因为任何时候他都很高兴给孩子们讲一点儿有意义的事情。

　　"汤锅是紫铜做的。"他说。

　　"紫铜是什么做的呢?"喻儿问。

　　"紫铜不是做的。在某些地方,那些紫铜早已经存在了,和石头混在一起。它是人类的能力所不能制造的许多物质中的一种,是自然界中本来就有的。我们发现了它,利用了它,但就目前我们的知识和技术来说,我们还无法制造它。

　　"紫铜可以在大山的肚子里找到,人们掘一条坑道,深入地下。那些工人叫作矿工,借着灯光,用鹤嘴锄凿着石头,并有一部分人把碎石块运出去。这种含紫铜的石头叫矿石。人们把矿石放在一种特制的火炉里烧到很高的温度。我们平时用的火炉,即使烧到最热时,也远远比不上这个温度。紫铜熔化,流出来,和其余的东西分离开。于是人们用巨大的锤子,这锤是用水力、电力或蒸汽力带动的,锤打铜块,一点点地打薄,中间凹下去成为一只盆的样子。

"接下来该是铜匠的工作了。他把不成样子的盆用小锤子敲打,做成一个像样的盆子。"

"哦,所以铜匠一天到晚总是用一柄锤子敲打着。"喻儿恍然大悟,"我走过铜匠铺时,常常很奇怪他们为什么那么吵,总是敲个不停,原来他们在打铜,把它打成蒸锅和汤锅呀!"

"锅子旧了,锅底有了洞,那还有什么用呢?我曾经听恩妈说她卖掉了一只破锅子。"爱密儿问。

"他们买去把它熔化掉,再做成第二只新锅子。"保罗叔叔回答。

"那么铜不会消耗吗!"

"铜会消耗很多,我的小朋友,在用砂擦光时会失去一部分,火烧时也会失去一部分,但剩下来的还可以用。"

"恩妈还说过要换一个灯盏,因为灯盏的脚掉了一只。灯盏是什么东西做的呢?"

"灯盏是用锡做的,这是另外一种我们在地球的肚子里找出来的现成的物质,也是我们的力量所不能制造的。"

十二、金 属

　　"铜和锡都是金属，"保罗叔叔继续说，"它们是重而发亮的物质，可以耐得住锤子的打击而不破裂，具有很好的延展性。世界上还有许多种别的物质和铜与锡一样，具有光泽和很好的延展性，大部分很重，也有轻的，颜色也不相同，有的软，有的较软，有的则坚硬。这些物质属于金属。"

　　"那么很重的铅也是金属了？"爱密儿问。

　　"铁也是吗，金子、银子都是吗？"喻儿也问。

　　"是的，那些都是，但还有许多其他的物质也是金属。它们都有一种特殊的光泽，叫作金属光泽，但这些光泽的颜色是有区别的。铜是红色的，金是黄色的，银、铁、铅、锡都是白色的。"

　　"恩妈晒在太阳下的烛台是黄色的，很耀眼，它是金子吗？"爱密儿问。

　　"不，我的好孩子，你的叔叔买不起这样贵重的东西。它是黄铜做的。人们要改变金属的成分与颜色时不只用一种金属，而时常把两种、三种或更多种的金属混合起来使用。他们把几种金属熔合在一起，制成另外一种新金属，与原来的金属不同。例如，把紫铜和一种叫作锌的白色金属熔在一起，便成了黄铜。那种锌便是做成我们花园里的喷壶的物质。黄铜的颜色就不再是紫铜的红色和锌的白色了。烛台的质地是紫铜和锌合起来的，所以它是黄铜不是金子，虽然它的光泽看起来是黄色的。金子是黄而闪烁的，但黄而闪烁的并不都是金子。在上一次镇上的集市里，有人卖假金戒指，它的光泽确实可以骗过人。假使是金子，那将是很值钱的，但他只卖几分钱，所以那些金戒指是假的，是用黄铜做的。"

　　"颜色和光泽既然相同，那么人们怎么来分辨金子和黄铜呢？"喻儿问。

"一般是用秤。金子比黄铜重得多,在常见的金属中,它是最重的。依次是铅、银、铜、铁、锡,最后到锌,锌是最轻的了。"

"你刚才告诉我们,"爱密儿插嘴说,"要熔铜,一定要用一座火力极猛烈的火炉,热得连我们烧的最红的炉子都比不上。我想并不是各种金属都能像铜那样耐得住火的,因为我想起你给我的小铅兵遇难的事儿了。去年冬天,我把它们排列在不太热的火炉上。我一没留心,兵队都跌倒了,聚成一条熔化的铅流滚下来。我只救了六个炸弹兵,而它们的脚都已经没有了。"

"还有一次恩妈一不留心把灯放在火炉上,不一会儿像指头般大的锡脚不见了。"喻儿补充说。

"锡和铅都是很容易熔化的。"保罗叔叔说,"我们炉子里的温度已足够熔化它们了。锌也不需费多大力气便能化掉,但银、铜、金,还有铁,则需要极其猛烈的火力才能熔化,这种火力我们屋子里还没有。铁比别的金属特别耐用,所以对于我们很有用处。

"铲、钳、炉格、火炉都是用铁做的。这些东西时常和火接近,但不会熔化,甚至不会变软。要弄软铁以便容易用锤子在砧墩上敲打出东西,铁匠要尽量把铁烧红才可以。倘若他敲不动时,还得放回炉子里再烧,他要将铁熔化是不可能的。"

十三、搪金属

　　早上，恩妈把旧汤锅卖给了过路的铜匠。买卖成交以后，恩妈又叫他们修一修在火炉上化掉了脚的灯盏，再给两只紫铜锅重搪一层锡。于是铜匠们在露天生起一堆火，把风箱凑上去鼓着风。他们把旧灯盏放在一只大圆铁罐子里熔了，再加进一点儿锡片以补足那已损失的锡。熔化的锡水倒进一只模型里，待冷却后取出来时，已是一个灯盏的样子了，只是有些粗糙。这个灯盏还很大，他们把它装上车床，等到车床转动时，铜匠把一钢制工具凑上去，锡便这样地被削着，薄的刨屑滚下来，好像一圈圈的小纸屑。最后，灯盏做成了，样子很好看。

　　接着他们忙着镀小铜锅。他们先拿细砂把里面擦干净。等到放在火上烧得很热时，便用一块麻屑团裹着一小块熔化的锡在锅子内擦。那麻屑团所到的地方，熔化的锡都和铜贴住了。一会儿，以前是红色的小紫铜锅内部现在变成雪白的了。

　　爱密儿和喻儿一面吃着他们的苹果和面包，一面不作声地盯着这种奇妙的工作。他们都想好了要问他们的叔叔为什么要在小铜锅里镀上一层锡。到了晚上，他们果然谈到了关于镀锡及镀其他金属的话题。

　　"磨得极其光滑的铁是很亮的。"保罗叔叔说，"一柄新刀的刀锋便是很好的例证。但假使暴露在潮湿的空气里，铁会马上失去光泽，覆盖上一层泥土一样的红皮，叫作——"

　　"铁锈。"克莱儿插嘴说。

　　"是的，这叫作锈。"

　　"钉住铁丝让牵牛花能沿着花园墙垣往上爬的大铁钉也有这种红皮。"喻儿说。

　　"我在地上拣到的旧刀也生满了这样的东西。"爱密儿又加一句。

"那些大铁钉和旧刀之所以会生锈,是因为它们放在潮湿的空气中太久了。潮湿的空气腐蚀着铁,与铁化合起来,弄得它变了样子。锈了以后的铁便不能再为我们派大用场了,它成了一种红色或黄色的泥土,假如不仔细看,便不易辨出是一块金属。"

"我相信,"喻儿说,"我以后不再使潮湿的空气和铁接触,害得它生锈。"

"有许多金属都和铁一样会生锈,就是说,它们接触到潮湿的空气以后,会变成一种泥土般的东西。锈的颜色因金属的不同而不同,铁的锈是黄色或红色,铜的锈是绿色,铅或锡的锈是白色。"

"那么古钱上的绿色锈是铜锈了。"喻儿说。

"盖在抽水筒嘴上的白色东西是铅锈吗?"克莱儿问。

"不错,锈的坏处是它使金属变得丑陋,它们把金属的光泽都剥夺了。它们还有更大的坏处——毒。有的锈没有毒,即使碰巧掉在我们的食物里,我们吃了也没有什么危险,铁锈就是其中一种。铜和铅的锈则恰恰相反,它们都是可怕的毒药。假使一不当心,这些锈落到我们的食物里,我们吃了即便不会死,至少也要承受许多痛苦。我们来说一说铜的锈,铜锈是一种毒性很大的毒药,但人们都用铜制的厨具做东西吃,这问一问恩妈便知道了。"

"一点儿也不错。"恩妈说,"我总是时刻当心着我的小铜锅,我把它们洗得很干净,时时重新镀上锡。"

"我不知道,"喻儿插嘴说,"为什么今天早晨锡匠的工作能够防止铜锈变成一种毒药呢?"

"那锡匠并不能使铜锈不变成毒药。"保罗叔叔说,"他的工作是阻止铜锈的生成。在普通的金属当中,锡是最不易生锈的,即使把它长期置放在空气中,也很少被潮湿腐蚀,那极少量的锈也和铁锈一样是无毒的。要阻止铜不被有毒的绿色斑点所盖满,要保存它使它不生锈,必须使它不和潮湿的空气接触。还有一些滋养物如酸醋、油、脂肪——都是能够引起锈迅速生长的东西,应该设法避开。因为这个缘故,所以小铜锅内要镀上锡。在薄薄的锡层的覆盖之下,铜便不会生锈,因为它和空气隔离了。锡镀好后,这种金属不易变化,即使有了一点儿锈,这锈也是毫无害处的。因此,人们给铜镀上锡,就是说,他们用一层薄锡片把铜盖起来,阻止它生锈,阻止它生成毒药,以免日后一不当心混进我们的食物里。

"人们也把铁用锡镀起来,这并不是为了阻止它生成毒药,因为铁的锈是无害的,只不过是为了防止它起变化和满身起难看的红斑点。这种镀了锡的铁就是俗语所说的马口铁。盒盖、咖啡罐头、蒸肉盘、香烟盒等许多东西,都是马口铁做的。马口铁实际就是一块薄薄的铁片,两面盖上一件锡做的衣服。"

十四、金与铁

"有种金属是永远不生锈的,就是金。从地下掘出来的古代的金币,虽然过了好几百年,但还是和当时一样光亮灿烂,没有锈附着在金币的表面。时间、火、潮湿、空气都不能伤害这贵重的金属。正因为它永久不变的光泽和它的稀有,人们才用它做首饰和钱币。

"再者,金是人类最初接触到的金属,远在铁、铅、锡等之前。人类之所以比铁更早地认识到金,这道理是不难明白的。金不会生锈;铁锈得太快,只要我们一不当心,在短时间内,铁便能变成像红土一样的东西。我刚才告诉你们了,金这东西无论多么久远,始终是原封不动地直到被我们发现,即使它是埋在最深最湿的地方。至于铁,在我们碰见时,没有一块像样儿的。上面盖满了锈之后,它便变成了一种不成样子的泥土片了。现在我要问喻儿,从地球的肚子里取出来的铁矿石是不是纯粹的铁,像我们所用的那样?"

"我想并非如此,叔叔,因为假使铁在那时候是纯的,那么必然会被时间、空气和潮湿消磨成泥土一样的东西,像一柄埋在地下的刀一样。"

"不错,我想的和他完全一样。"克莱儿说。

"那么金呢?"保罗叔叔问她。

"铁和金是不同的。"她回答,"金这种金属不会生锈,并不会被时间、空气和潮湿所消磨,所以大概是纯的吧。"

"一点儿没错,在岩石里,金子极少量地分布着,它看起来灿烂得像珠宝一样。克莱儿的耳环并不能比岩石里的金粒更亮些。相反,当发现铁的时候,它是何等可怜的形状啊!铁是一个泥土块,是一块红色的石头,人们必须经过长时间的搜寻以后,才能发现这里面原来含有一种金属。这是因为铁锈和别的东西混了起来盖满了铁的表面。这样,我们就不易分辨出这块被铁锈盖满的石头里面含有金属，一定得想出一种方法把矿石分解，使铁恢复金属的模样。要想这样做，得费多少力气啊！多少次无结果的实验，多少次痛苦的尝试！因此，铁的使用远在金和别的金属如铜、银等的使用之后，铜、银等金属和金一样，比较纯，容易从矿石中发掘出来。最有用处的金属——铁，却是最后得到的；但铁的应用使人类事业得到快速的进步。自从人类使用了铁以后，人类便成为世界的主人。

"几种最耐用的物质当中，铁是第一位，并且正因为它有极强的抵抗破坏的能力，所以使得这一金属对我们来说特别宝贵。从来没有一个金的、铜的或石的砧墩会像铁砧墩那样经得起铁匠锤子的打击。那锤子除了用铁来制造以外，还有别的东西吗？假如是铜、银或金所造的，它便会在短时间内被打平，变形，因为这些金属不够坚硬。假如是石头做的，那么在第一下稍重的锤击下便会破碎了。只有铁才能胜任。石头还不能做斧头、锯子、刀、石工的凿子、矿工的鹤嘴锄、农夫的犁头和许多别的东西。那些东西是要割、砍、穿、刨、锉，发出或受到猛烈的打击。只有铁具有分裂别的物质的坚硬性和接受别的东西打击的抵抗性。因此，铁在所有的金属中是大自然赐予我们的最伟大、最贵重的礼物。它是做工具的最好物质，是人类各种工业上的必需品。"

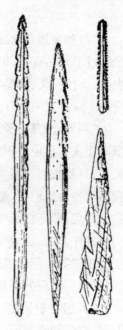

骨制的鱼叉
（古代的武器）

"克莱儿和我有一天读到一本书。"喻儿说，"书上说西班牙人发现了美洲，这个新国家里的野蛮人有金的斧头，他们很情愿以一把金斧头换西班牙人一柄铁斧头。我笑他们很愚笨，竟会拿这样一件价值昂贵的东西去换这么便宜的东西。现在想起来这次交易对于他们是有利的。"

"是的，那得决定于对他们有用或没用。用一柄铁斧头他们能够砍倒大树，把当中挖空了做独木舟、做房屋，在抵御和猎取野兽的时候，还是一件很锋利的武器。在当时，铁可以给我们提供食物的保证、坚固的船、温暖的居室，还可以保护我们自身的安全。比较起来，金斧头只不过是一种毫无用处的玩具而已。"

"铁既然是最后被发现的，那么人类在知道铁以前是怎样的呢?"喻儿问。

"他们用铜来做兵器与工具，因为这种东西有时和金一样，是一种纯粹的样子，所以开采应用极为方便，好像大自然送给我们似的。但是铜制的工具不够坚硬，它的价值当然是在铁之下了。这样，在太古用铜斧的时候，人真是一个无能的动物。

"人在知道用铜以前更无能为力。把一块火石打得很尖，或者打碎了，缚在一根棒上，这是人类早期的武器。

"通过使用这种石头，人类得到了食物、衣服、房屋，保护自己不被野兽侵犯。人的衣服是用兽皮做成的，横披在背上，居处是用树枝和泥筑成的茅屋，食物是肉，狩猎得来的。饲养家畜在当时是完全没有的，土地都荒废着，任何工业都没有。"

"那么这地方在哪里呢?"克莱儿问。

"到处都有，我的好孩子，这里就是，即在现代最繁盛的市镇。太古时也有的。啊! 人类有了铁的帮助之后，才得到我们今日所享受的福利，之前他们是何等困苦啊! 人类是何等孤独，而大自然赐予他们这样一种金属，这礼物是何等的丰厚啊!"

保罗叔叔刚讲完，杰克慎重地在门外敲着门，喻儿跑过去打开门。他们两人低声嘀咕了几句，商量着明天的一件重要事情。

十五、羊 毛

杰克和喻儿昨天夜里商量好的,今天他准备做了。几只羊的脚都被绑住了,横卧在一个架子的两块斜板上,为的是要它们静静地躺着,要有耐心,所以不得不如此对待它们。地上放着钢刀。哎哟,它们是不是要被杀掉? 哎,不! 它们要被剪毛。杰克捉住羊脚把羊拉过来放在剪羊毛架的两条斜板中间,用一把大剪刀开始嚓嚓嚓地剪起毛来。一点点儿地,那羊毛掉下来积成一堆。当一只羊的毛被剪光了,它便被解开,放在一旁,好像很难为情地打着冷战。它刚才已把自己的衣服卸下来给人穿了。杰克把另外一只羊放上架子,剪刀又上下动了起来。

"告诉我好吗,杰克?"喻儿说,"羊儿们的毛被剪去了以后,它们不会觉得冷吗? 你看,刚才你剪掉它毛的那只羊,冷得在发抖呢。"

"不要紧,我挑了个好天气才剪的,太阳很暖和。到了明天,它们便不会觉得需要羊毛盖了,况且,羊受一点儿冷,我们暖和一些不是应该的吗?"

"我们暖和? 关我们暖和什么事?"

"咦,你们念书识字的人连这点都不懂吗? 人们用羊毛做袜子给你们穿,编成绒线,以便你们在冬天享用,他们甚至能够用它来做绒布,再做成衣裳。"

"呸!"爱密儿叫起来,"用这样肮脏的羊毛做袜子、绒线和绒布吗?"

"不错,现在确实是肮脏的,"杰克也承认,"但它将被拿到河里去洗,待到洗得白白的时候,恩妈便要把它放在纺车上,做成绒线。这种绒线用针织起来,便成了袜子。当人们不得不走在雪地上时,便会喜欢它,用它来套在脚上防寒。"

"我没有看见过红、绿和蓝的羊,但有红、绿、蓝和别种颜色的绒线。"

爱密儿说。

"人们把从羊身上剪下来的白毛染色:他们在沸水里放进药水和颜料,把羊毛放进去,等到拿出来时,便成了另一种颜色。"

"那么绒布呢?"

"绒布是织成袜子的绒线织成的。把这种绒线很整齐地交叉便织成绒布,不过必须要用复杂的机器,这是我们在家里办不到的。那种机器只有在生产绒布的大工厂里才能见到。"

"这样说来,我穿的袜子是从羊身上来的;这件外衣、我的围巾、袜子都是了。我是穿着从羊身上夺下来的东西吗?"喻儿说。

"是的,我们要御寒,一定得穿上羊绒织的衣服。这可怜的小东西把它的羊毛提供给我们做衣服,它的奶和肉供养我们,还有它的皮给我们做手套。我们是靠家畜的生命在过活。雄牛给我们它的气力、肉、皮,而牝牛则给我们乳饮。驴、骡、马给我们做苦工。它们死后,还留给我们它们的皮,用来制造皮鞋。母鸡给我们下蛋,狗给我们看门。我们没有了这些家畜会过得很贫苦,但仍有许多人无缘无故地鞭打它们,使它们挨饿,这是为什么呀? 唉,我们不要去想那种没良心的人了。当我想起了这些可贵的家畜所提供给我们的一切,甚至把生命也给了我们,我便要把最后的一片面包也和它们分享。"

这时剪刀嚓嚓嚓地响起来,羊毛掉了下来。

十六、亚麻与大麻

爱密儿听了杰克关于绒线的话后,他便很注意地观察着他的手帕。他把它翻来翻去,看着,摸着。杰克已经猜出了爱密儿心中所想的问题,他便说:

"手帕和麻布并不是用绒线制成的。它们是一种植物,如棉、大麻、亚麻做成的,而不是羊毛……这些东西我自己也有点不明白。我听人讲过棉,但我从没有见过,而且我还不好和你们说话,恐怕一不小心会剪到羊皮。"

到了晚上,因喻儿的请求,他们讲起了衣料的故事,保罗叔叔揭开了它们的真相。

"大麻和亚麻的外部是长的线组成的,柔软而坚韧,我们的布便是这些东西做的。我们穿起从羊身上夺来的东西,我们用草的皮把自己打扮漂亮。华丽的布如麻纱、网纱、纱边、梅区绫纱边等,都是亚麻做成的。比较粗的,如麻袋之类,是用大麻做的,棉花则织成棉布给我们做衣衫。

"亚麻是一种草本植物,开小而美丽的蓝花,并且每年种了都可以收获。法国北部、比利时与荷兰等地出产量最多。亚麻是人类用草本植物来织布的第一种植物。4000多年以前,埃及人埋葬贵人的木乃伊便是用麻布裹着的。"

"木乃伊,什么?"喻儿插嘴说,"我不知道那是什么东西。"

"那么我来告诉你,好孩子,尊敬死者在任何地方和任何时代都是一样的。人们把死者的灵魂当作神,人们尊敬死者,但尊敬的形式是因各个时代、地域、风俗而不同。现代世界公行的葬法是把死人葬在墓穴里,上面立一块墓碑,墓碑上有简短的墓志铭。基督教徒则立十字架,作为生命永存的神圣标志。有的地方把死者的尸体用火烧化了,然后虔诚地把被火烧剩的骨灰放在贵重的瓶里。在埃及,他们把所爱者的遗体保存在家里;把尸体浸泡在香料液里,用麻布紧紧地裹住,以免尸体腐烂。他们虔诚的工作做得非常细致,甚至经过了几千年,直到现在我们还可以看到古埃及国王的尸体完好地保存在香木棺里,不过因为年数太久,已干而发黑了。这就是所谓的木乃伊(Mummy)。

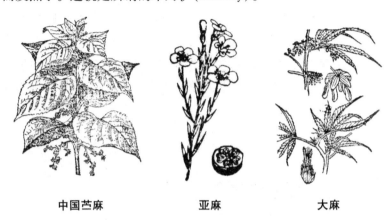

中国苎麻　　　　亚麻　　　　大麻

"大麻是一年生的草本植物,有种强烈的、令人作呕的气味,开绿色不鲜明的小花,它的茎很厚密,有两米高。像亚麻那样,它收获的是皮和籽。"

"我想我们喂给金翅雀吃的就是这种子吧,"爱密儿说,"它用嘴咬开壳,吃当中的仁儿。"

"是的,大麻的籽是小鸟们最喜欢吃的。

"大麻的皮不及亚麻的精细。亚麻的纤维非常细微,25厘米的麻丝在纺车上纺起来可纺成长4千米的线。某种纱布细线甚至可以比得上蜘蛛的网丝。

"当大麻和亚麻成熟的时候,人们便收下来,把籽打出另外分开。之后的工作便是浸麻,原因是要使树皮丝,即人们所说的纤维,容易和梗分开。这些纤维是由一种胶使之紧贴在梗上的,紧挨着,不容易分开,只有用水浸泡后才能去掉那种胶质。浸麻时,人们把它们摊开在田里,时常翻,过两个星期之后,麻皮自会和麻梗脱离。

"但最快的方法是把亚麻和大麻捆成一束浸在池塘里。它们很快便会腐烂,发出阵阵难闻的臭气,外面的皮脱落了,有特殊抵抗力的纤维就松开了。

"人们把麻捆解开来晒干,之后再将麻放在一种梳麻机上分开,把麻梗斩成几段,以剥取麻皮丝。最后,人们用一种名叫'麻梳'的大木梳把麻皮丝上的梗屑去掉,在麻梳的铁缝中分成一条条精细的线。这个时候,纤维便可用手或机械来纺了。纺成的线是准备织布的。

"在一台织布机上,人们把纺好的线很整齐地一排排地排列着,组成所谓的经线。织布人的脚踏着一块板往下一踩,这些线的一半便沉下去,另一半的线则升起来,同时织布人又把梭子上的线从线的两半之间横穿过去,从左到右,再从右到左。经过这样的交叉后,一根根细线便被织成了布。"

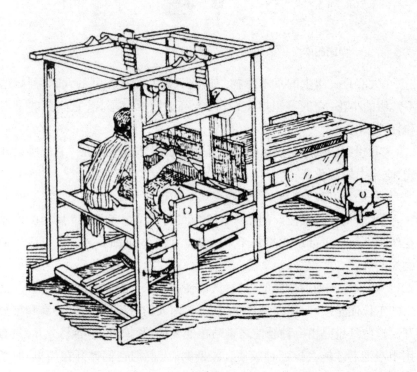

织布机

十七、棉

"棉是我们织布时最重要的一种材料,这是一种温带叫作棉树的植物所生产的。这种植物高 1~2 米,开大黄花,花心内有许多果实般的棉团,各个棉团都有鸡蛋大,里面有丝质的棉绒,这种棉团有些是雪白的,有些带点浅黄色,要视各个棉树的品种而定。棉团的中央是棉籽。"

"我在春天好像也见过这类的棉团,一片片地从白杨和杨柳上飞下来。"克莱儿说。

"这个比较是恰当的。杨柳和白杨各自有细小、长而尖的果实形的絮团,比针尖大三四倍。在每年的五月里,这些絮团成熟了,放出雪白的絮,絮的中间是种子。倘若当时空气中没有一丝风,这种絮跌落下来堆积在树根下,叠成一床白如雪的棉绒,但哪怕有极微弱的风吹过,那絮便能带着籽飘得很远,无论在任何地方都能留下来发芽生根。别的许多草

草棉

类种子也有软芒样的、丝质的毛,使它们能在空中长时间地飘荡,飞到很远的地方,散布它们的子孙。譬如,你们不是都认识蓟和蒲公英吗?你们不是都喜欢把它们美丽的丝绒样的籽吹向空中吗?"

"白杨的絮绒可以有棉一样的用处吗?"喻儿问。

"不能。那东西太小了,采集起来太难。还有,这东西太短了,不能在纺车上纺。虽然我们不能用,但别的动物能用,这种絮绒是小鸟们的棉,鸟儿们捡起来铺在它们的巢里。金翅雀是最聪明的鸟,它

的巢特别清洁和坚固。在几根小枝分叉的地方,金翅雀用杨柳和白杨的棉絮,用羊身上啄来的羊毛,用蓟子上的毛冠,为它的孩子们造一个杯形的褥垫,绵软而温暖,裹小王子的褪裢哪里有这样的好!

"鸟儿们总是就近取材做它们的巢。春天来临时,金翅雀一点儿也不担忧缺乏建巢材料,它坚信柳絮、蓟子以及路旁的荆棘都会给它提供需要的材料,那是必然的,因为一只鸟是没有智慧来运作精密的工业,预先长时期地准备它所需要的东西。人类从工作与思想中得到各种东西,他有尊贵的权利,能从远处国家得到棉,而一只鸟则只能在它的林子里得到白杨树上的棉絮。

"棉团到了成熟季节便裂开来,它的棉绒脱出来成为软软的棉块,人们用手把它一团团地拾起来。棉绒铺在地上放在太阳下晒干之后,便用打禾棒来敲,或是放在某种机器上轧,这样,棉便从种子和壳上脱落下来了。此后,不需要再经过别的加工手段,棉被一大捆一大捆地运到我们的工厂里去做布了。

"在一年里,欧洲工厂里所用的棉有 8 亿千克,这个数目并不见得很大,因为全世界的人都要用这种棉绒做成的印花布、细棉布和白洋布。这样,人类的一切活动没有比棉花生意更广大的了。多少工人,多少巧妙的工作,多么远的路程,都是为了几角钱一尺的布!一团棉也许是从几千里以外的地方运来的。这种棉经过重洋,跨过四分之一的地球,运到英国或法国去制造成棉布,于是便纺呀、织呀,饰上花花绿绿的图案,最后成为布,再经过大海,也许送到世界的另一端,卖给生着羊毛似的头发的黑人们做头饰。整个生产过程要产生多大的利润啊!开始时,要种植棉花,之后要经过大半年的培育才能收获。那些种植者和收取者要维持生活,就必须从棉花中取得报酬。随后来了贩卖的人,他买了,经过航海的海员,运送到工厂,由纺工、织工、染工把棉花加工成布料,这些劳动者都得从棉花中取得报酬。这样的还有不少呢。现在另外来了一批贩卖人,他们买了棉布,另一批海员把它们转运到世界各地去,最后经过商人的手一尺尺地卖出去。假如棉布不是高价卖出去的,那么它如何能给这些人提供利润呢?

"要完成这样伟大的事业,必须具备两个条件:大规模的集合劳动力和机器的帮助。你们已经看到恩妈怎样在纺车上纺羊毛了。那梳过的羊毛先分成一卷卷的卷条,再把一个卷条放在转得很快的钩子上,钩子钩住羊毛旋转,把纤维绞成一根线,手指把卷条拿正,线一点点儿地添着卷条而长起来。待到线绞到一定的长度时,恩妈便把它徐徐地绕在锭子上(钩的上端),然后她再继续。

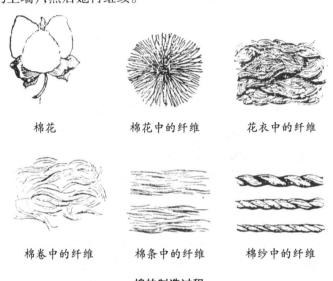

棉花　　　　　棉花中的纤维　　　　花衣中的纤维

棉卷中的纤维　　　棉条中的纤维　　　棉纱中的纤维

棉的制造过程

　　"严格说来,棉花也可以像这样纺的,但无论恩妈的手脚怎样敏捷,从她纺车上纺下来的纱做成的布的价值一定很昂贵,因为时间消耗得太多。那么怎么办呢? 人们便制造机器来纺棉花。在一间比教堂还要大的屋子里,很整齐地排列着数百架专门纺纱的机器,有着钩子、锭子和纱管。所有的机器都同时开动,精确而迅速,使人眼都看花了。工作的时候,机器发出巨大的声音足以把你们的耳朵震聋。棉花的绒絮被数千只钩子绞住! 无尽头的纱从一个纱管到另一个纱管来去着,并且自己在锭子上滚着。只需几个小时,山一样高的一堆棉花都变成了纱,这些纱的长度可围绕地球转几圈。那些机器所做的可以抵得上一大队像恩妈那样手脚敏捷的纺工,但它所费的是什么呢? 几铲煤来烧热水,水的蒸汽推动机器,使得各部分都动起来。织布、印颜色的花头——总之,从棉花变成布的各种手段都是最敏捷、最经济的。因为如此,所以一团棉花变成一块白布时,只需卖几角钱,而种棉人、贩卖人、海员、纺工、织工、染工乃至商人都能拥有各自的报酬。"

十八、纸

恩妈招呼克莱儿说,有一个女友来找她,要她教刺绣,这使她很不耐烦。克莱儿走后,保罗叔叔在喻儿和爱密儿的请求之下继续讲下去。他知道喻儿会很高兴把他说的话转述给他的姐姐。

"亚麻、大麻和棉,特别是加工后的棉,有着很重要的用途。第一,它们使我们有了衣服穿;第二,当我们用得破旧不堪时,还可用来造纸。"

"纸!"爱密儿叫道。

"纸,写字、印书的纸。你的练字簿、教科书,甚至那价值昂贵的、四周镶着金边的、有着华丽图案的书籍都是用那肮脏的破布制成的。

"人们收集破烂的布屑:有些是从街上的垃圾堆中拣出来的,有些是从更肮脏得说不出的地方捡来的。把它们聚在一起后,要拣选一遍,哪些用来做好纸,哪些用来做粗纸。它们经过充分的洗涤后送到机器里去;剪刀剪它们,钢爪撕它们,轮子轧它们,把它们弄成碎片;再用磨石把它们研成细末,之后放入水中制成浆。这种浆是灰色的,一定要弄白才可以。这时需要药品的帮助,药品放下去,浆一遇到便立刻变白,只需顷刻之间,浆便白得像雪。别的机器把浆在筛子上薄薄地铺一层。水被过滤后,破布浆变成了毡子一样的东西。圆柱形的压力机压着这块毡子,另外一种机器把它弄干、磨光。纸就做成了。

"在纸未做成以前,第一种材料便是破烂得不能再用的布片。当这些布片未被人们当作废物抛弃以前,真是什么苦都受过。人们用腐蚀性的灰洗它,用具有强烈碱性的肥皂浸它,用木棒击打它,还要放在太阳、空气、雨里晒它、吹它、淋它。虽然这样,这些布却能抵抗得住灰尘、肥皂、太阳和空气等种种野蛮的虐待;被丢弃在一堆烂东西中,还要受到造纸机器和药品的摧残,但它竟能从这些大难中逃出,变成柔软洁白的纸张。这些纸就是我们思想的记载者。你们现在知道了吧，我的小朋友们，这种最宝贵的材料，人类知识进步的源泉，都是从棉树上的棉绒，大麻、亚麻的皮上来的啊。"

"我想，当我告诉克莱儿她那美丽的有银白色封面的祷告书是用肮脏的破布，也许就是我们当废物丢弃的破手帕，或是从街角污泥里拣出来的布屑做成的，她一定会很惊讶。"喻儿说。

"克莱儿一定很高兴知道纸的来历，我想她的祷告书的低微出身并不能减少她心中的信仰。奇妙的技巧造就了伟大的奇迹：卑贱的破布成为一册书，一册储藏尊贵思想的书。我的小朋友，大自然在植物中孕育了许多的奇迹呢！粪堆那样脏的东西埋在泥土里，便可以生长出世界上最美丽的东西来，因为它是玫瑰、百合以及其他许多花儿不可缺少的肥料。至于我们，让我们像克莱儿的书和大自然的花儿那样吧：我们要争取实现自我价值，不要羞惭于我们低微的出身。世界上只有一种真正的伟大和一种真正的崇高，那就是精神的伟大与崇高。假使我们有了这种伟大与崇高，那么我们低微的出身反而大大增加了我们的价值。"

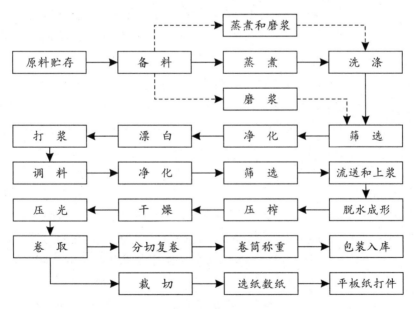

制浆造纸的主要生产过程

十九、书

"现在我已经知道纸是什么东西做的了。"喻儿说,"我还想知道书是怎样做成的。"

"我听一整天也不会厌烦。"爱密儿断言,"为了听你的故事,我情愿不玩我的'地汪汪'和小铅兵。"

"要做一本书,我的孩子,必须经过两项工作:第一是构思和写作的工作,第二是印刷的工作。要想写一本书把一个人的思想表达出来,是一种困难而严肃的事业。脑力劳动所消耗的能量比体力劳动消耗的更多,因为这种工作需要我们把全部精神都贯注在那里。我把这些事情告诉你们,你们知道了便要尊敬那些写作的人,他们为了你们的将来而焦急,亟待着要你们自己思考,并且把你们从无知无识中解放出来。"

"我完全相信,"喻儿回答,"把一个人的思想写出来是一种很困难的事,因为我曾经想写半张纸的信向你贺年,但我在写第一个字时便停住了笔。起一个开端是何等困难啊!我的头重了,脸红了,眼睛也发呆了。等到我学好文法以后,我想便能做得好一些。"

"我很担忧,亲爱的孩子,但我不能瞒你,文法是不能教人们写好文章的。文法只能教我们怎样把动词和它的主语相连,形容词和名词怎样连起来,还有与此相关的其他各种语法。我也以为这是很有用的,因为违反了语言的规则——文法,是最不好的事,但它并不是我们写好文章的唯一条件。世界上有许多的人,他们头脑里装满了文法的规则,但和你一样,在写第一个字时便顿住了。

"从某些方面来说,语言很像是思想的衣服。我们不能穿没有的东西,我们不能讲或写我们思想中所找不到的东西。思想默念,笔才能写出。头脑里充满了思想,再加上习惯——比文法还要自然的习惯,已教了我们语言的法则,我们便能具备正确地写出好东西的必要条件了。假使没有思想,头脑里一点儿影子也没有,那么你能写些什么呢?然而那些思想又是怎样得来的呢?是从研究、诵读和与那些比我们知识渊博的人们的谈论中得来的。"

"我听了你告诉我们的话以后,我无疑也能学习写作文了。"喻儿说。

"当然啰,我的小朋友。譬如在几天以前,假使我叫你只写一两行关于纸的来历的作文,你能写得出吗?不能。那么是因为缺乏思想,还是缺乏文法?自然是缺乏思想而不是文法,虽然你对于文法知道得不多。"

"真的,本来我完全不知道纸是怎样来的。到了今天我才知道棉是一种棉绒,是从棉树的果实里来的。我现在知道,用这种棉绒,人们做成了纱,由纱做成布。还知道布用得旧了,便被机器做成浆,而这种浆经过处理后可得到纸张。这些事情我都知道了,但我还是觉得很难把它写出来。"

"你错了,你可以做得到,你只需把刚才告诉我的话写出来便是了。"

"难道你写作时就是把你的话照样写下来吗?"那孩子不信任地问。

"是的。不过在写作时必须得回想一下是否通顺,因为讲话时来不及考虑。"

"假使是这样,那么我的作文簿上至少可以立刻写上五行。我要写:'棉是从灌木的果子里来的,这种灌木名叫棉树。人们用这种棉做成纱,用纱做成布。布穿破了,机器便把它撕碎,磨石和了水磨它,做成一种浆。这种浆经过处理后便可得到纸张。'这样对不对呢,叔叔?"

"像你这样年纪的一个孩子能够写成这样,已很好了。"他的叔叔赞许地说。

"但这些字不会放在书里吧?"

"为什么不能,我允许你将来可以把它们放在一本书里。看起来,我们的谈话对于其他像你一样求知的孩子们是很有益处的。为了他们的希望,我想把我们的话收集起来,做成一本书给他们看。"

"做成一本书,我在闲时可以阅读你讲给我们听的故事的书吗?啊,我真高兴,叔叔,你不要把我无意义的问话放在那本书里好吗?"

"我要完全放进去。你现在已经都懂得了,我的好孩子。你有强烈的求知欲,是一个优点,你是一个很有希望的孩子。"

"你有没有想到,小孩子们读了这本书不是要笑我吗?"

"那是一定的。"

"那么告诉他们:我很爱他们,我愿意和一切孩子拥抱。"

"告诉他们:我希望他们各人都有一个'地汪汪'和几个小铅兵,像你给我的那样精致。"爱密儿插一句。

"当心,爱密儿,"他的哥哥提醒他,"叔叔要把你的铅兵都放进书里去呢。"

"好的,放在那里,放在那里得了。"

二十、蝴蝶

多么美丽啊！哎哟，它们美丽极了！有的翅膀是深红色的，上面有红色条纹，有的是浅蓝色黑圆圈，另一些是硫黄色带有橘红色斑点，还有一些是白色镶金边的。它们的前额上有两只精致的角，就是两根触须，有时像是装饰用的羽冠，有时短短的像一簇毛毛。它们的头下面有一个长长的嘴，这是一个吸管，细得和毛发一样，弯曲得像一个螺旋。当它们飞近一朵花时，那长嘴便伸直了穿入花冠的中心，吸饮一滴甜蜜的汁水。啊，多么美呀！哎哟，美丽极了。但倘若有人去触它们一下，它们的翅翼便会失去光彩，触它的手指上会留下一些粉末，像是一种贵重金属的粉屑。

现在，保罗叔叔要把花园里飞着的蝴蝶的名字全都告诉他们。"这一只，"他说，"它的翅翼是白色的，有一条黑边，三点小黑斑，名叫白菜蝶。这只比较大的，它的黄色翅翼上有黑色条纹，一直伸到长尾巴的末端，在翅底有一个铁锈色的大眼睛和蓝斑点，这叫燕尾蝶。这只小蝴蝶，上半身是天蓝色，下半身是银灰色的，白圈内闪着黑眼睛，翅翼的边缘上有一长条红斑，这蝶叫百眼蝶。"

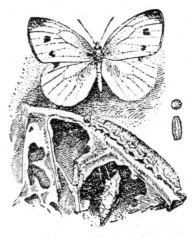

白菜碟

"百眼蝶最不容易被捉住，"爱密儿说，"它四面八方都看得见，它的翅翼上长满了眼睛。"

"许多蝴蝶翅翼上都有美丽的

圆圈,这并不是真正的眼睛,虽然那些圆圈的名字的确叫蝴蝶眼,但那只不过是蝶翅上的装饰品而已。真正用来看的眼睛是生在头上的。百眼蝶只有两只眼睛,比起别的蝴蝶的眼睛并不多一只,或少一只。"

"克莱儿告诉我,"喻儿说,"蝴蝶都是毛虫变的。这话对吗,叔叔?"

"是的,我的孩子。每只蝴蝶在它们变成美丽的昆虫,用美丽的翼翅从这花飞到那花之前,都是一条丑陋的毛虫。我刚才指给你们看的白菜蝶,它起先就是一条绿色的毛虫,躲在白菜上吃菜叶。杰克会告诉你们,他为了要保护白菜不得不把这种贪嘴的小虫儿捉走,因为毛虫的胃口很大。你们马上就会明白这个道理。

"许多昆虫都和毛虫一样。刚钻出卵时是一个暂时的形态,将来还要换成另一个样子。它们好像要生两次:第一次是不完全的、蠢笨、贪嘴和丑陋;第二次则是形态完整、活泼、节食,而且还是富丽堂皇的。昆虫在初期状态是一条小虫,通常叫'幼虫'。

"你们还记得吃木虱的狮子吧,就是在玫瑰树上吃木虱的小虫儿,它几星期几星期地吃着,成日成夜地吃着,总吃不饱它那贪婪的肚子。这条小虫儿便是一条幼虫,它会变成一只有翼翅的东西,就是草蜻蜓,它的翼翅像细纱般,眼睛是金黄色的。美丽的红瓢虫,它的身上有黑色的斑点,样子天真烂漫。在它未变成美丽的瓢虫以前,也是一条丑陋的、瓦色的幼虫,身上长满了尖刺,这时的它也喜欢吃木虱。此外还有一种名叫六月虫的,它是一种很蠢笨的小虫。假使我们把它的脚用一根线缚起来,它便会伸出它的翼翅,摆出一副准备起飞的架势,发出一阵'飞、飞、飞'的声音,怪好玩的。这种虫开始时是一条白幼虫,臃肿得像片猪肉。它住在地底下,食植物的根,毁坏我们的谷物。另外有一种大鹿角虫,它的头上武装着两个角,好像鹿角,这种虫初时也是一条大幼虫,住在老树干里。还有一种山羊虫也是一样,它有着奇怪的长触须。在樱桃成熟时,树上有一种讨厌的虫儿,它后来变成什么呢?它后来变成飞虫,它的翼翅上饰着四块黑绒般的东西。还有许多别的虫儿都和这差不多。

"昆虫的初期状态,小虫的最初形式,叫作'幼虫'。从幼虫转变到成虫的过程叫作'蜕化'。经过蜕化,它们变成了美丽的蝴蝶,它的翼翅饰着最华丽的色彩,很讨人喜欢。那百眼蝶现在看来非常美丽,生着天蓝色的翼翅,但它开始时只是一条可怜的毛虫;华丽的燕尾蝶起先不过是

　　一条绿色的毛虫,背上有黑色的长条纹交叉着,两旁有红色的斑点。这些卑微的昆虫经过蜕变,美丽得只有花儿才配得上和它们一斗美艳。

　　"你们大家都知道灰姑娘的故事啰。她的姐姐们都很骄傲,打扮得很漂亮去参加舞会了。她自己则全神注意着一罐子水。仙母来了,对她说道:'到花园里去摘一个南瓜来。'看哪,那剖开的南瓜在仙母的法术下竟变成了一辆金碧辉煌的马车。'灰姑娘,'仙母又说,'把捕鼠机打开。'六只老鼠从里面跳出来,它们一触到仙母的魔法棒,马上变成了五匹美丽的有灰白色斑点的大马,一只生有髭须的老鼠变成了一个车夫,嘴上的两撇髭须很是神气。六只睡在水罐后面的蜥蜴变成了六个绿色衣衫的仆人,他们跳上马车,坐在后面。最后,那可怜的女孩子的破旧衣衫变成了金银做成似的、闪耀着宝石光芒的华丽服装。灰姑娘穿上水晶鞋去赴舞会了。以后的情形如何,你们比我更熟悉。

　　"这种有本领的仙母把小老鼠变成马儿与车夫、蜥蜴变成仆人、褴褛的衣衫变成华服,这种可爱的仙人的怪诞故事使得你们都为之惊叹不已。他们是谁呢?我的好孩子,作个比拟吧,那伟大的仙人不就是大自然吗?他竟能把脏污的小虫变成让人目眩神迷的、美丽的昆虫!他用他的圣杖触着一条可怜的小毛虫,一条卑微的、迷恋于烂木头的小虫,奇迹便出现了:讨厌的毛虫变成了一只美丽的蝴蝶,它那蔚蓝色的翼翅比灰姑娘的华服还要漂亮。"

二十一、大食客

昆虫是由卵来繁殖的,它们在合适的地方产卵、孵化小虫。刚从卵里钻出来的小东西叫作幼虫,是一条软弱的小虫儿,它必须自己移动,自己找食物和住处——在这世界上,这是最困苦的生命了。在这困苦的时候,它不能得到它死去的母亲的任何帮助,因为在昆虫的生命中,父母大都是在所产的卵孵化出小虫儿之前就死去了。小幼虫一点儿也不懈怠地吃着、吃着。这是它唯一的事业,而且是很严肃的事业,因为它的将来全依靠在这上面。它吃东西不但是为了要一天天地增长力气,还要得到必需的能量,以便日后实行蜕变。我要告诉你们——也许这会使你们惊异——一只昆虫长到最后的完全形态以后便不再生长了。我们知道,在许多昆虫中,有一种昆虫——如蚕蛾——甚至什么东西也不需要吃了。

"猫刚出生时是一只淡红鼻子的小东西,小得可以用一只手攥住。出生后一两个月,它是一只可爱的小猫,整天无所事事,只知道玩。只要丢给它一张纸片,它便会用它那灵活的脚掌去抓。一年后,它已长成一只大猫了,能够很耐心地等候着捉老鼠,或者在屋子里和它的敌人打架。但是,无论它是一只连眼睛都张不开的小东西,还是美丽的、爱玩的小猫,或是一只会打架的大猫,它的形态始终是一只猫,不会改变。

"昆虫就不同了。那燕尾蝶形态并不是开始时小,随后逐渐地长大,当它第一次展开翼翅飞的时候,它便永远这样大了。再说六月虫,当它从地下钻出来,从它做幼虫的地方初次爬到阳光下时,它就永远是你们所看到的那样了。世界上有小的猫儿,但没有小的燕尾蝶和小的六月虫。经过蜕变以后,昆虫便到死都不会变了。"

"但我曾在黄昏时看见过小六月虫绕着杨柳条飞呢!"喻儿反驳说。

"这种六月虫是另外一种。它们的形态也是永远不变的。它们的个头不会长大变成一只普通所见的六月虫，和猫儿看起来很像老虎，但它并不是老虎，不会大起来变成老虎一样。

"幼虫独自生长着。刚从卵中孵化出来时很细小，随后逐渐长大到和将来的成虫差不多的大小。它积聚着蜕变所需的材料——做成翼翅、触须、腿。那住在烂木头内的大绿虫将来就会变成一只鹿角虫，它用什么材料制成它那巨大的丫叉长角以及成虫所穿的粗陋的刺衣服呢？山羊虫的幼虫用什么东西做成它的长触须呢？毛虫用什么东西做成燕尾蝶的大翼翅呢？它们都是用贮藏在体内的一部分维持生命的材料来做的。

"假如那淡红鼻子的小猫生出来时并没有耳朵、脚爪、尾巴、毛皮、髭须，假如它生出来时只不过是一团小肉球，数日以后，它在熟睡时便会立刻得到一切：耳朵、脚爪、尾巴、毛皮、髭须和别的许多东西，那么这个生命的工作是不是需要预先积聚起必要的材料贮藏在这动物的脂肪里呢？无中生不出来，猫儿髭须中最小的一根毛都要耗费一份它身上的能量，只有耗费一份它从食物中得来的能量才能长得出来。

"幼虫便是这个样子：成虫所必须有的东西，它一概没有，因此它必须为未来的蜕变积聚起必要的材料。它必定要为了两个目的而吃：第一个是为了它自身的生存，第二个便是为了蜕变成成虫，或者可以说，是重生一次。因此幼虫有着一个了不得的大胃口。我刚才说过，吃是它们唯一的事业。它们成日成夜地吃，一刻也不停，甚至透一透气的工夫都没有。倘若少吃一口，这是何等的疏忽！将来成为蝴蝶时，它的翼翅上或许会因此少一小块鳞斑。所以它们必须狼吞虎咽地吃啊、吃啊，拼命地往肚子里塞，逐渐地变大、长胖、臃肿起来。这是幼虫的职责。

"有的幼虫攻击植物，它咬嫩叶、嚼花瓣、吃果实的肉。有的幼虫肚子强健得能够消化木头，它们在树干上钻出大洞，锉、咬，粉碎着最坚固的橡树和柔软的柳树。有的幼虫则破坏动物的尸体，它们来到腐烂的尸体上，把肚子里装满烂东西。还有的去找排泄物，在粪堆中大吃特吃。它们都是清道夫，肩负着高贵的职责——清除地球上的积垢。倘使你想到了它们簇拥在粪堆里，真会连隔夜饭都呕出来，然而一项最重要的任务，一种神圣的工作，却是由这些肮脏的食客来完成的，它们把污秽清除了，把其中的有机成分回复给生命，好像要报答它们吃肮脏东西的盛意似的,这些幼虫之中有一种将来定会成为一种美丽的飞虫,它那光彩甚至可以与擦亮的紫铜比美;另外有一种硬壳虫,竟香得和麝香一般,它那富丽堂皇的外衣足以与黄金宝石争辉。

"但当我们看了这些做着公共卫生工作的虫们的同时,可不要忘记了别的食客,它们使我们遭受重大的损失。六月虫的幼虫在地下摧残着大块土地上的植物,它们把植物齐根咬断。植树人的灌木,农夫的谷物,园丁的花草,原来还是很茂盛的,但在有一天早晨倒下了——枯死了。那幼虫已从地下经过,地面上的东西全完了。火灾恐怕也不会造成比这更可怕的损失。

"还有一种可恶的黄虱,细得不容易看见,它们都住在泥土中,食葡萄树的根。这叫作'葡萄虫'。葡萄虫灾可使全葡萄园的葡萄树都死光。

"有几种小虫,小得一粒麦粒里可以住上好几条,它们会躲在我们的谷仓里,把麦粒吃得只剩下麸壳。有的小虫儿最喜欢吃紫苜蓿,危害还不小呢!

"有的小虫儿多年躲在橡树、白杨、松树以及别的大树里啃食树木。

"还有一些能变成夜里扑火的白蛾的小虫好吃我们的衣料,结果衣服给它们蛀成了碎片。更可恶的是,有的竟攻食我们的壁板和家具,把它们蛀成粉屑。倘使我们再讲下去,恐怕就不能停下来了。

"这些我们一向轻视的小东西,这些小小的昆虫,之所以如此厉害,完全是因为昆虫的幼虫有一个大胃口,人们应该非常注意它们才是。倘使有一条小虫能够成功地成倍繁殖,那么全世界都将受到悲惨的饥饿命运的恐吓,但是,现在我们还没有给予这些食客足够的关注。

"假如你连你的敌人都不认得,请问你如何能防御呢?我极希望能够来处理它们。

"至于你们,我的好孩子们,你们等到我把关于这些食客的话详细讲完以后,你们要这样记着:昆虫的幼虫是世界上的大食客,它们是神圣的清道夫,一方面做着结束死者的工作,同时孕育着新的生命,世界上任何东西差不多都要经过它们的肚子。"

二十二、丝

"按照幼虫种类的不同,迟早有一天,那些幼虫自己会觉得它已强而有力,足以承受蜕变时的危险了。它已经很勇敢地尽了它的职责,因为把肚子填满是它的任务,而它总能出色地完成任务。它为了两重目的而吃东西,即为了它自己和成虫。现在应停止再吃,该向世界告别了,给自己准备一处安静的处所,以度过它死一般的睡眠。在这睡眠中,它为第二次诞生做准备。为了准备这样的一个处所,它们有着千百种的方法。

"有的简单地自埋在地下,有的则掘一个光滑的洞,有的用枯树叶来做它们的洞穴,有的知道怎样把沙粒、烂木屑或泥土胶成一个空球,住在里面。住在树干里的则把它们两端挖空的洞用木屑塞住;住在麦粒里的则把麦粒内的粉质都吃尽,并小心地不碰坏麦粒的麸皮,这样可当作摇篮。有一些则没有什么预备,就住在树皮和墙垣的空隙内,用一根丝环绕着它们的身体,这一类的宿法有白菜蝶和燕尾蝶的毛虫等。能造起一间叫作茧的丝制房子住在里面的,是幼虫中本领最大的。

"有一种灰白色的幼虫,有我们的小指那么大,人们把它养起来,让它们制出许多茧子,丝质品便是从这种茧子得来的。这种虫叫蚕。在几间极清洁的房间里,人们放着许多张芦席,芦席上放着桑叶,小虫便在这间房子里从卵中孵出来。桑树是一种很大的树,是特别为了这种幼虫才种的,除了叶子以外,这树对于蚕没有别的用处了,因为叶子是蚕的唯一食品。有许多土地都用来种桑树。蚕所做的工作是很有价值的。蚕的幼虫吃着桑叶,芦席上的桑叶要时常更换新的,蚕儿们按着它们生长的速度,到时就蜕掉它们的皮。它们的胃口很大,牙齿咬桑叶的声音好像静夜里骤雨落在树叶上的响声,那是因为一间屋子里有数千条蚕虫的缘故。蚕一般要经过四五个星期才能长大。到了它们快要结茧的时候,芦

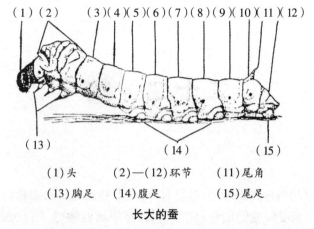

(1)(2)　　(3)(4)(5)(6)(7)(8)(9)(10)(11)(12)

(13)　　　　　　　　(14)　　　　(15)

(1)头　　　(2)—(12)环节　　(11)尾角
(13)胸足　　(14)腹足　　　(15)尾足

长大的蚕

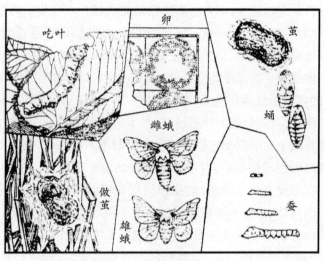

蚕的一生

席上便放上草把,以便它们'上山'。它们一个个地钻在草把中间,四周系着许多精细的丝线,做成一种网一样的形状,以支撑它们的身子,并且可作为它们开始做茧工程的支架。

"丝是从蚕的嘴唇下出来的,经过一个洞,这洞叫吐丝洞。丝质在蚕的体内,是一种黏液,像橡树胶。从张开的嘴唇中流出来时,那黏液便像根丝一般地抽着,见风即硬。蚕吃的桑叶里有造丝的材料,丰富得正如牧草里的牛奶材料一样。蚕从桑叶中提取成分造出丝来,犹如牛从牧草的成分中造出牛奶来一样。没有了蚕的奉献,人便没有办法从桑树中制出最有价值的服装材料。我们身上最华美的丝织品都是用蚕的涎水所成的丝制成的。

"我们再说那停在网中的蚕。现在它正在茧中做工作。它的头不停地动着,上前,退后,升起,落下,向左向右地从它的嘴唇里吐出一根细丝,那细丝绕着自己的身子,和丝架粘住,最后做成一个小袋子,和鸽子蛋差不多大。这丝房起先是透明的,能看到蚕在里面工作,但到后来渐渐地愈来愈厚,内部便看不见了。以后里面的情形如何,是可想而知的。蚕在里面日夜地工作着,用吐出来的丝增加它茧内墙壁的厚度,一直到把丝吐完。这时它到了最后的时刻,告别了世界,孤单地、静悄悄地等待马上就会来临的变形。它的全部生命,一个月长的生命,都是为了蜕变而准备的。它曾经用桑叶把肚子塞饱,曾经为吐丝作茧而身子瘦了,所做的一切都是为了要变成一只蛾。这些时光对于蚕是何等重要啊!

"啊!孩子们,我几乎忘记说人类在这中间所尽的力了。蚕'上山'做完茧子以后,人们便粗暴地把茧摘下来,卖给制丝商。制丝商立刻把它们放在锅炉里,用烧沸的水杀死将来的蛾,这时茧内蛾的软体已经形成了。倘使人们稍微搁一搁,茧内的蛾便要戳破茧壁钻出来,这时的茧便不能缫丝,因为里面都断了,这样便要蒙受损失。这件预备工作做好以后,其余的可搁下等待空闲时再做了。茧是在一种名叫缫丝厂的工厂里缫起来的。人们把茧放在一罐沸水里,把阻止

缫丝

缫起来的胶质都溶化掉。工人手执一柄小草帚在水中搅动着,找出丝的头,放在转动着的缫车上。在机器的转动之下,丝便缫在车上了,而茧则在热水中跳跃着,好像人们拉着一团绒球上的线头,不断地抖动着。

"在缫完的茧中央躲着的茧蛹已经被热水烫死了。以后缫好的丝经过多种工序便可使它更加柔软而光泽;再经过染缸,蚕丝可以被染成各种所需的颜色;最后,它被织起来,成为丝绸。"

二十三、蜕变

"蚕一躲到它的茧子里,就干瘪萎缩了,好像死了一般。开始时,背上的皮裂开来;随后,不断地使劲地拉着,蚕费了很大的力气才扯下它的皮。皮蜕下以后,样样东西随着蜕去:头壳、牙床、眼睛、腿、胃,还有其他的一些东西,全部蜕去了。被蜕下来的老破皮丢弃在茧的一角。

左:腹面　中:侧面　右:背面
蚕蛹

"这时在丝袋里的是什么呢?是另一条蚕虫儿,还是一只蛾呢?都不是的。这时在里面的是一种像杏仁样的东西,一头是圆的,一头是尖的,外观像皮革一样,这东西叫蚕蛹,是从蚕虫到蚕蛾之间的过渡形态。这时已经可以看出将来成虫时的形状:在大的一头可以辨出两根触须,两撇翼翅也隐约地交叉着折在蛹的背上。

"六月虫、山羊虫、鹿角虫和其他的一些硬壳虫都要经过和这一样的形态而模样更加清楚。头、翼、腿等各部分在两旁屈伏着,很容易辨认出来。但这些都是不能动的,软而白,甚至如水晶一样透明。这种成虫的雏形叫'活动蛹'。'蛹'这个名称是专门给蝴蝶类的,而'活动蛹'则是给别的昆虫的,意思都一样,不过状态有点不同。蛹和活动蛹都是昆虫形成中的一个过程,就在这个过程中,蜕变完成了,成虫出现了。

"在两星期内,假如温度合适,蚕蛹像熟果子那样裂开了,从这裂开的壳内生出了蚕蛾,很潮湿,腿还不能直立。它需要新鲜的空气来增加它的体力和干燥它的翼翅,它必须从它的茧中钻出来。但怎样钻出来呢?蚕把茧做得多么坚韧,而蚕蛾又这样软弱!这可怜的小东西会死在牢狱里吗？这太不值得了,吃尽了苦头做成了茧,结果竟闷死在里头!"

"它不能用牙齿咬破茧吗?"爱密儿问。

"它没有牙齿呀,也没有像牙齿一类的东西。它只有一张长嘴,毫无力气。"

"那么用爪子?"喻儿问。

"倘使它有锐利的爪子,的确是可以的。倒霉的是它没有这样锐利的爪子呀!"

"但它反正是要出来的。"喻儿坚持说。

"自然,它是要出来的。每一个动物在刚出生时都是生命的最艰难时刻! 小鸡要把囚着它的蛋壳啄破,它的嘴上特别为此生成一点儿很硬的尖头,而蚕蛾并没有可以破茧的东西。啊,有了! 但你们永远猜不着它用的工具是什么。它是用它的眼睛——"

"眼睛!"克莱儿惊异地叫起来。

"是的,昆虫的眼睛上都盖着一顶坚硬而透明的尖角帽子,要看这种尖角帽子得用显微镜。它们是很小的,虽然小,却是一根很尖的骨头,在必要时可以当作一柄锉刀。于是蚕蛾在它要攻击的地方吐一口唾沫,使之湿润变软之后便开始锉、推、钻、擦。一条条丝都屈服在锉刀之下。洞钻成功了,蚕蛾出来了。你们对它有什么感想? 动物们的智慧有时是聪明的人类所不及的。人类之中谁能想到用眼睛来钻监狱的墙呢?"

"蚕蛾想出这样一个聪明的方法,一定要研究很长时间吧?"爱密儿问。

"蚕蛾并不研究,也不思考。它碰到要做事时,立刻知道怎样做,怎样做得好。

"蚕蛾并不美丽。它是白色的,肚子很大,身体很重。它并不像蝴蝶那样在花丛间飞来飞去,因为它不需要吃东西。它一钻出茧就产卵,产好卵以后就死了。蚕的卵通常叫作蚕子,这是一个很适当的名字,因为卵是动物们的子,而子是植物们的卵。卵与子是一个样。人们并不把所有的茧子都放在沸水里,把它们缫起来,而是留出几个茧子,以便养出蚕蛾,得到卵或子,这些子到了来年,便会孵化出新的蚕。

"一切要蜕变的昆虫都要经过我刚才告诉你们的四个形态:卵、幼虫、蛹或活动蛹、成虫。"

二十四、蜘 蛛

一天早晨,恩妈正在准备鸡食,一只灰色的大蜘蛛沿着它的长丝滑下来,从天花板上一直垂到恩妈的肩上。恩妈看见这个长脚的东西不禁惊叫起来,摇着她的肩膀,蜘蛛落到了地上,她一脚把它踩死了。"蜘蛛见在早,披麻还戴孝。"她有些不高兴。保罗叔叔和克莱儿正在这时走了进来。

"啊,主人,事情太糟了,"恩妈说,"我们可怜的人竟遭到这么多无谓的纷扰。十二只小鸡都孵出来了,它们个个黄澄澄的像金子。我刚才给它们准备一点儿吃的东西时,这只可恶的蜘蛛竟掉在我肩膀上。"

恩妈指着被她踩死的蜘蛛,它的腿还在颤抖哩。

"我并不认为这只蜘蛛会使那些小鸡出什么事儿。"保罗叔叔说。

"不!不是的,主人,这个可怕的东西是死了。但你知道俗语说:'蜘蛛见在早,披麻还戴孝;蜘蛛见在晚,快乐而开怀。'人人都知道,大清早见到蜘蛛是一个倒霉的预兆。我们的小鸡危险了,猫儿也许会抓它们。主人,如果你不相信,你看着,一定会有事儿发生的。"激动的泪水出现在恩妈的眼里。

蜘蛛

"把小鸡放在妥当一点儿的地方,当心着猫儿,这样便可以了。那句关于蜘蛛的俗语只不过是一种可笑的成见而已。"保罗叔叔说。

恩妈不再说什么了。她知道保罗先生对于样样东西都有自己的道理,可能还会赞美蜘蛛。克莱儿知道这种赞美快要来了,便鼓起勇气问了一句:

"我知道,在你眼中看来,一切动物,无论它们是怎样下贱的一种,你都有很好的道理为它们辩护:它们都有很大的功劳,都有各自天定的职务;它们都是可供观察和研究的。你是上帝的生物律师,你甚至还肯为癞蛤蟆来辩护。但请准许你的侄女儿认为,你的辩护只是出于你的慈悲心的冲动,而不是为事实而辩护。对于这只蜘蛛,这个可怕的东西,它是有毒的,而且它的网把天花板都布满了,你还有什么赞美的话说呢?"

"我要说些什么?多着呢,我的好孩子,多着呢。不过你必须得好好地喂你的小鸡,当心猫儿,这样才能证明蜘蛛俗语的错误。"

到了晚上,恩妈把她的大眼镜架在鼻梁上,织着袜子。她的膝上睡着猫儿,猫儿的鼾声和钟的滴答声相和着。孩子们等待着蜘蛛的故事。他们的叔叔开始了:

"蜘蛛那整齐的网是做在谷仓的一角或布在两棵灌木之间的。你们三人中谁能告诉我:蜘蛛做网干什么?"

爱密儿第一个说:"这是它们的窠,叔叔,是它们的屋子,藏身的地方。"

"是躲藏的地方!"喻儿叫起来,"是的,但我想还不止这些。有一天,我在紫丁香花的树枝间听到一阵尖锐的细小声音——'嗡……'原来是一只苍蝇在网上挣扎着想要脱逃。它用翅翼鼓着声音。一只蜘蛛从丝做的漏斗中央爬出来,捉住了那只苍蝇,带回洞里去,无疑它是要把它吃了。从那次以后,我才知道蜘蛛网是用来猎食的。"

"一点儿也不错!"他的叔叔说,"一切蜘蛛都要吃活的东西,它们不断地向苍蝇、蚊子和其他的昆虫攻击。倘若你们害怕蚊子,那种在夜里吸我们的血、叮得我们难熬的小虫,那么你们就应该赞美蜘蛛,因为它尽力地把它们驱

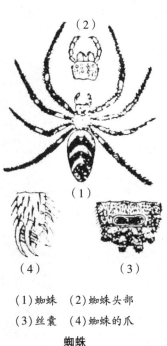

（1）蜘蛛　（2）蜘蛛头部
（3）丝囊　（4）蜘蛛的爪

蜘蛛

逐,使其不伤害我们。要捉住这小东西必须用网。用来捉住飞翔中的苍蝇的网是蜘蛛用自己造的丝织成的。

"在蜘蛛的体内,这种丝质的东西和蚕的丝一样,是一种黏液。那东西一出来遇到空气后,就会凝结,变硬,成为一条线。当蜘蛛要编网时,那丝液便从胃底的四个乳头里流出来,这四个乳头叫丝囊。乳头的尖端有许多小孔,像我们喷水壶的莲蓬头一样。四个乳头上的小孔算起来至少有 1000 个。每一个小孔都抽出一根极细的丝,这些丝绞在一起便是我们平时所见到的蜘蛛丝。要说明一件东西的细致,再好不过的便是和蜘蛛丝比较了。它实在是非常精细,细得我们刚好能看见。我们的丝,质地最好的丝,与蜘蛛丝比起来,只不过是三四股绞起来的粗绳而已,而蜘蛛丝却是由许多股细丝绞起来,一根丝有 1000 多股。要把蛛丝绞成一根头发那么粗,需多少蛛丝呢? 约 10 根。倘使用丝囊的各个孔中流出的丝来绞,要用多少根呢? 约 1 万根。这样,蜘蛛要绞成头发粗的丝要费上 1 万根极细的丝,然而这样的丝只不过给蜘蛛来捉一只苍蝇,当一顿饭吃!"

二十五、大蜘蛛的桥

这时,保罗叔叔看见克莱儿望着他,这一定是她的心里起了什么转变:蜘蛛已不再是一种讨厌的动物,不再可怕了。保罗叔叔继续讲:

"蜘蛛的腿上有利齿般的小爪,像一只木梳。当它要用丝的时候,脚爪便从丝囊里把丝抽出来。倘若它要爬下来,像今天早上从天花板爬到恩妈肩上的那个蜘蛛那样,它把丝的一端粘住它离开的地方,沿着丝垂下来。丝因蜘蛛的重量而从丝囊中抽出来,蜘蛛很安稳地吊着,它要降多低都可以,快慢也可随意。它要回到上面,便沿着丝爬上去,用两腿把丝折起来,折成一束。第二次再要降下来时,只需把丝束一点点儿地放开便行了。

"每只蜘蛛在编织它们的网时,都有着各自的方法,要看蜘蛛所要猎取的对象是什么,它常到的地方要以它的口味和天性而定。我先告诉你们一点儿关于一种大蜘蛛的知识。大蜘蛛身上有黄色、黑色和银白色的美丽花纹,它们是专门猎取大家伙吃的——那些时常在河流附近的绿色或蓝色的灯芯蜻蜓、蝴蝶和大苍蝇。它们在两株树的树顶间布下网来,有的网甚至能跨过小溪。让我们来考察一下这种大蜘蛛。

"大蜘蛛找到了一块很好的狩猎地:那里有红蜻蜓、蓝色和绿色的灯芯蜻蜓,在草丛间来来往往,或在溪流上飞上飞下。溪流上,还有蝴蝶、马蜂和吸牛血的牛蝱。这个位置真是好得很。那么就准备工作了!大蜘蛛爬到水边的一株杨树顶上。它在那里熟思着计划,这是一个大胆冒险的计划,执行这种计划似乎是不可能的。一座吊桥,就是一根作为未成功的网的吊桥,一定得通到对岸。孩子们,蜘蛛是不能从溪流里游过去的,假使它敢于冒险下水,那它一定溺死无疑。但它必须从这一棵树的顶上架起它的吊索——它的桥。工程师都从来没有碰到过这样的难题,这个小东西应该怎么办呢? 孩子们,你们商议一下,我等待着你们的意见。"

"从岸这边到岸那边造一座桥,既不经过水面也不移动到别的地方去吗? 假使这蜘蛛能够做出来,那么它比我聪明了。"这话是喻儿说的。

"它也比我聪明。"他的弟弟附和着。

"倘若我不预先知道,"克莱儿说,"蜘蛛确实是成功了,像你刚才那样告诉我,我将断定说这桥是造不成功的。"

恩妈不说话,不过她的针停住了,人人都看得出,她对于蜘蛛造桥已产生了很大的兴趣。

"动物往往比我们人类更聪明,"保罗叔叔继续讲,"大蜘蛛便是例子。它用后腿从丝囊里抽出丝来,那丝愈抽愈长,从树枝的上面飘出去。蜘蛛不断地抽,抽到后来它停住了。是不是丝够长了呢? 或者是还短呢? 这一点一定得弄个明白。如果长了,太耗费宝贵的丝;如果太短了,就不够目前的需要。大蜘蛛便向前望了一眼,这是很正确的,是可以肯定的。丝还太短,蜘蛛便再拉长一点儿。现在好了,丝的长度已到了必须的尺寸,工作便可完成。大蜘蛛坐在它的树枝上等待,剩下的事无须用力便会成功。它时时用腿把丝拉一拉,看丝紧不紧。啊! 丝紧了,桥架好了! 大蜘蛛从它的吊桥上爬过去了! 这是怎么一回事? 原来是这样的:丝从杨树顶上飘出去,一阵微风把飘摇不定的丝头吹到了对岸的树枝上,粘住了,这真是神奇!"

"啊,多么容易啊!"喻儿叫道,"但我们三人谁也想不出来。"

"是的,我的小朋友,这是很容易的,同时也是很巧妙的。对于任何工作都是这样:方法愈是简单,愈需要精巧。简单就是聪明,复杂就是愚笨。大蜘蛛的建筑本领完全是科学的。"

"它从什么地方得来那个科学的方法呢,叔叔?"克莱儿问,"动物们是没有理性的,谁教它们造成一架吊桥的呢?"

"没有人教它,好孩子,它生来就具有这种知识,是由本能得来的。为了生存,它们的本能使它们有这样聪明的猎物手段,谁说蜘蛛是令人讨厌的呢?"

这次,保罗叔叔获得了成功:在每个人的心目中,甚至连恩妈也在内,蜘蛛不再是可怕的动物了。

二十六、蜘蛛的网

次日,小鸡都跑出来了,它们都很健康。老母鸡领着它们到牧场上去,扒拉着泥土,咯咯咯地叫着。老母鸡扒出细小的种子,小鸡们马上跑来在老母鸡的嘴上取食。稍有一点儿危险,老母鸡便招呼它们躲在它张开的翼翅下面。胆子最大的小鸡立刻钻出头来,它们美丽的小黄头映衬着它们妈妈的黑羽毛。危险过后,老母鸡又开始咯咯咯地叫着,扒拉着,小鸡们围着它跑来跑去。这种情形使得恩妈为之安心,她也许放弃了那句关于蜘蛛的谚语。到了晚上,保罗叔叔继续讲大蜘蛛的故事。

"那横跨两岸的第一根丝是要做丝网的棚架的,这根丝要织得特别坚韧。所以大蜘蛛开始时要把丝的两头系得特别牢固,然后从丝的这头爬到那头,不断抽着丝,把那根单线两根三根地加倍起来,做成一根粗丝。还需要一根同样的丝放在第一根丝的下面,要差不多与之平行。在这两根丝之间,网才能织成。

"大蜘蛛在已经做好的丝的一头垂下来,挂在一根丝囊里抽出来的丝上。它到达较低的一根树枝,把丝紧紧地系在上面,重新回到第一根丝上,爬上交通桥。蜘蛛便由桥上爬到对岸,一路抽着丝,但没有把这根新丝粘在桥上。到了对面,它又挂下来,挂在一根低树枝上,它把从对岸一直抽过来的丝头系在那里。这是第二根主要的丝,再把新丝加进去,做成另一根粗丝。最后这两根平行丝的两端被许多丝缠牢固了,那丝都是从两端向各方向伸展出去,粘在树枝上的。别的丝从这点到那点,这丝到那丝,结果在两根粗丝之间形成了一个很大的空隙,差不多是圆的,这空隙是预备来做网的。

"大蜘蛛做了这么久,只做出了大工程的轮廓,一个粗糙而结实的轮廓,以后才做得更精细。要编网了,大蜘蛛在打轮廓时各线条形成空隙的圆圈里,放上第一根丝。大蜘蛛便站在这一根丝的中间,这点就是将要织的网的中心点。从这个中心点起,许多丝都要向各方向伸展开,丝之间距离都相等,丝的另一头系在圆圈的边缘上。这种向四周伸展的线,叫放射线。大蜘蛛在中心点上粘了一根丝,再从已撑好的横线上爬过去,把这丝的另一端系在圆周的边上。这样做好了以后,它便沿着刚架好的丝回到中心点;它再在那里粘上第二条丝,马上又系在圆圈上,系第二根线的地方离第一根线稍隔开一点儿。这样不断地从中心到圆周,再从刚绷好的一条丝上回到中心,蜘蛛把那圆周做满了放射线,其距离之整齐,好像一位熟练的人用尺和圆规画出来的。

"做好放射线以后,还有最精细的工作等待蜘蛛去做。每一根丝都得用一根丝连起来,这丝要从圆周上起头,绕着转着,在中心的四周做成一种螺旋形的丝,直到中心点为止。大蜘蛛从网的顶端做起,一路抽着丝,一路横跨着一条条的放射线,同时还要使其与前一条线保持相等的距离。拉着和前一条线同方向的线,蜘蛛绕着圈,绕到中心点才停止。编网的工程就此告成。

"蜘蛛还得找一个埋伏的地方,它好躲在里面观察网上的动静,这地方还是一个休息所,以遮挡夜晚的阴凉和白天的暑热。蜘蛛在一丛叶子堆里做成一个丝洞,一种关得很紧密的漏斗式的窝。那就是它常住的地方。倘若天气很好,猎物很多,特别是在早晨或夜晚,大蜘蛛便离开它的窝,一动不动地伏在网的中心,以便把情形看得更加清楚,在触网的猎物逃走以前,马上把它们捉住。蜘蛛伏在网的中心,它的八只脚叉开着,一动不动,好像死了一般。守候的猎人从没有像它那样有耐心。让我们也照着这个样子,等待猎物们的到来吧。"

孩子们很是失望,故事刚讲到最有趣的时候,保罗叔叔卖起关子来了。

"我听得很有趣,叔叔。"喻儿说,"大蜘蛛跨过溪流的桥,有着整齐放射线的网,愈绕愈近中心的螺旋线,躲藏和休息的房屋——这一切对于一个没有学习过什么的动物来说,的确太稀奇了。网做好后猎取猎物时,更是格外稀奇了。"

"的确是很稀奇的。因此我不想再讲给你们听了,而要指给你们看。昨天我走过这田间时,看见一只大蜘蛛在小溪两岸的两棵树之间编织着它的网,那里可以捉到许多蝲蛄。明天早晨让我们早些爬起来,到那里去看大蜘蛛如何猎物。"

二十七、大蜘蛛行猎

昨夜保罗叔叔说过"明天早晨让我们早些爬起来"，果不其然，他们今天早晨都不需要被叫醒。谁想去看蜘蛛怎样行猎，谁就得少睡一会儿。早上七点钟，太阳照得有些明亮时，他们已经都在小溪边了。蜘蛛网已经做成，许多小露珠挂在上面，闪烁着，好像一粒粒珍珠。此刻那蜘蛛还没有在网的中心，无疑它是在等待，等待着太阳把晨间的潮气都赶走以后，它才高高兴兴地从它的屋子里出来。他们在草地上坐下来吃早餐，就在系着蜘蛛丝的那棵杨树下面。几只蓝色的灯芯蜻蜓在灯芯草之间飞来飞去，相互追逐着玩。当心啊，你们这些小东西！你们在蜘蛛网的上下穿来穿去，不知道避开！啊！出乱子了：一只蜻蜓撞进了蜘蛛网，有一只翼翅未被网粘住，它挣扎着想要逃命。它摇着网，但那两根粗丝紧绷着，一点儿也摇不动。网上连到大蜘蛛屋子里的丝惊动了大蜘蛛，它知道网里有猎物了。大蜘蛛急忙爬出来，但已经来不及了，那蜻蜓在拼命挣扎后逃脱了，把网也扯了一个大洞。

"哎哟！它逃得好快啊！"喻儿叫起来，"再慢一些，这可怜的小东西便要被活活地吃掉。爱密儿，你看见了吗？网动了一动，那大蜘蛛便从它的卧室里爬了出来，何等迅速啊！这次的狩猎糟透了，猎得的东西竟给它逃脱了，反而网也给它扯破了。"

"是的，但蜘蛛会很快修好的。"他的叔叔安慰他说。

果然，蜘蛛见猎物逃脱了，便开

灯芯蜻蜓

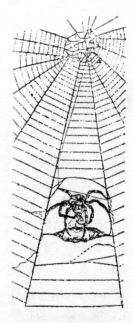

蜘蛛用丝把猎物
紧紧地缚起来

始熟练地修补起网来。修补完后,破损的地方竟丝毫看不出来。蜘蛛现在伏在网的中心,因为已经到了行猎的大好时光。它还是应该快些捉住那些猎物,以免再让它们逃脱。它的八只脚分布在四周,以便可以感觉出网上任何一点儿动静,哪怕最轻微的颤动。它等着,一动也不动地等着。

蜻蜓们继续玩着,但一只也不会被捉,最近的一次遇险使它们起了戒心:它们绕着蜘蛛网上下飞。哎哟,不好了,什么东西竟这样来势凶猛,把头触进了蜘蛛网呀?原来是一只野蜂,全身毛茸茸的,黑色,肚子是红色的。它被粘住了。大蜘蛛马上跑过去。但那个俘虏力气很大,也许它还有蜂螯。蜘蛛自知力量不够。它从丝囊里抽出一根丝来,很快地抛到野蜂的身上。第二根丝,第三根,第四根,马上把俘虏拼命的挣扎制止住了。野蜂被捉住了,但还活着,而且声势还很大。在这样的情形之下,蜘蛛要把它捉住,未免不妥当,太危险。那么要怎样才可避免这危险猎物的攻击呢?大蜘蛛有两根尖锐的毒刺藏在它的头下,那刺尖有个洞,可以放出一小滴毒汁,这就是它打猎时的武器。蜘蛛小心地走过去,用它的毒刺在野蜂身上刺了一下,又立刻躲在一旁。转眼间,那毒汁流遍了野蜂的全身。毒汁马上起了作用:野蜂颤抖着,脚一挺——死了。蜘蛛把它带回自己的丝室里去,以便在闲暇时吸食。等到把野蜂肚子里的汁水都吸光,野蜂只剩一个空壳以后,大蜘蛛便把它远远地抛开,以免玷污了它的网。挂着一具尸首的网,别的猎物是不敢靠近的。

"它的工作竟做得这样快,"喻儿很不满意地说,"我没有看见那蜘蛛的毒刺。我们且多等一会儿,也许会再来一只野蜂闯进网里,那时我要看个清楚。"

"也许不用多等,"保罗叔叔说,"倘若我们做得好一点儿,可以使蜘蛛再演一次它的打猎手段,你们仔细看着。"

保罗叔叔在野花间寻了一会,捉住了一只大苍蝇,他捏着一只翼翅,把它靠近网。苍蝇挣扎着,触上了丝网,同时保罗叔叔也放手了。网震动了,蜘蛛放开了它的野蜂,马上跑过来,它很高兴它的猎物来得这样快。大蜘蛛照前面的方式又开始捕猎了。那苍蝇先被蜘蛛放丝捆住,随后蜘蛛伸出它的毒刺,刺了苍蝇一下,毒汁立刻流遍了苍蝇的全身。遇难者颤抖着,伸了伸腿——不动了。

"啊!这一回我看见了。"喻儿说,他终于满意了。

"克莱儿,你有没有留心蜘蛛的毒刺?"爱密儿问,"我想你的针匣子里绝没有那样尖的针。"

"是的,确实没有。对于我,最使我觉得惊奇的倒不是蜘蛛毒刺的尖,而是那遇难者死得竟那么快。据我看来,像这样大的一只苍蝇,即使受了我的针最重的一刺,也绝不会死得那么快的。"

"不错,"他们的叔叔也同意地说,"一只苍蝇被针戳住了,还可以活一段时间,但它被那蜘蛛的刺尖一刺到身,差不多马上就死了。不过蜘蛛是很小心使用它的毒武器的。它的刺很毒,有一个小细管通着,从这个小细管里,蜘蛛可以自由放出一小滴肉眼几乎看不见的毒汁,是蜘蛛自己做的,好像它做它的丝一样。毒汁是藏在刺内的小袋子里的。当蜘蛛要毒死它的俘虏时,它便放出一小滴这种汁水,射在伤口里,这样就可以立刻把昆虫置于死地。那遇难者的死不是死在针上,而是死于放入伤口里的可怕的毒汁。"

保罗叔叔为了使他的听众把蜘蛛的刺看得更清楚一点儿,用指尖把大蜘蛛捉在手上。克莱儿惊叫起来,但她的叔叔马上叫她不要害怕。

"不要紧的,好孩子。杀死一只苍蝇的毒对于保罗叔叔的粗皮肤是没有用的。"

他用一根针拨开了蜘蛛的刺,详细地指给孩子们看,他们这时不再担心了。

"你们不要过分害怕,"他继续说,"不要因为苍蝇和野蜂的暴死,便认为人也应该怕蜘蛛了,它们的刺大都很难刺入我们的皮肤。法兰西有许多勇敢的研究者,都让自己给各种各样的蜘蛛刺,它们的刺从没有引起严重的后果,最多不过有一点儿红斑,但还不及蚊子咬得大。皮肤娇嫩的人得当心避免比这个大的东西,虽然痛楚只有一点点儿。我们在避免黄蜂的刺时,并不特别慌张,那么我们也要同样地看待蜘蛛的刺,不要慌张地吓得叫起来。我想继续来讲一点儿毒虫的话,但时候不早了,我们先回去吧。"

二十八、毒虫

"你们已经听人说过,有种动物是会喷毒汁的,就是在较远的地方把毒汁射到走近它的人或动物的脸和手上,至少也能弄瞎眼睛,或伤到别的地方。也有人说这种毒汁是可以致命的。上星期,喻儿在番薯藤上看见一条大毛虫,头上武装着一个弧形的角。"

"我知道,我知道,"喻儿插嘴说,"这条大毛虫就是你告诉我的,将来会变成一只美丽的蝴蝶。这只蝴蝶比我的手掌还要大,背上有一块大白斑,许多人见了都害怕,因为它很像一颗死人头。此外,它的眼睛在黑暗中能闪光。你还说,这个东西是无害的,人们怕它是没有道理的。"

"杰克正在番薯地里除草,"保罗叔叔接下去讲,"他从喻儿手里把大毛虫拍掉,急忙将它踏死了。'你拿这虫是很危险的,'杰克说,'别的东西不拿,去拿这样一条毒虫!你没看见那绿色的毒水吗?不要走近它,这丑东西还没完全死呢,它也许会给你身上喷毒汁。'他把被踏死的毛虫的绿色肚肠当作毒汁。其实那种肚肠并没有危险,颜色之所以是绿色的,是因为这可怜的小东西刚吞下了绿叶汁。

"有许多人都和杰克一样:他们很害怕毛虫和它的肚肠。他们以为世界上有种东西会把它们触到的任何东西都涂上毒,或者喷出毒汁。其实,世界上没有一种动物(绝对没有)能够在远处放射毒汁而伤害到我们。我的好孩子,你们得把这话牢记着,因为这是很重要的,可使我们避免无谓的恐慌,注意真正的危险。要明白这点,必须很清楚地知道毒汁是什么。有许多种大大小小的动物都天生具有一种带毒的武器,以便用来保护自己,或攻击它们的猎物。蜜蜂便是我们最熟悉的、有毒的昆虫。"

"什么?"爱密儿叫道,"那酿蜜给我们吃的蜜蜂是带毒的?"

"是的,是那蜜蜂,没有了蜜蜂,恩妈就不能做蜜饼给你们吃了。你还记着昨天把你弄哭的蜜蜂刺吗?"

爱密儿的脸红了起来:他的叔叔勾起了他不快的回忆。昨天,他没有任何准备就去看蜜蜂如何工作。据别人说,他甚至把一根竹竿穿进了蜂窝的小门。蜜蜂给这胡闹弄得发起火来。三四只蜜蜂争着在这可怜的孩子的脸颊上和手上刺着。他看起来苦极了,可这又是他自己惹出来的祸。他的叔叔费了好大力气才把他安抚下来,最后拿冷水袋紧压在被刺处,才把剧烈的疼痛镇住了。

"蜜蜂是有毒的,"保罗叔叔重复说,"爱密儿能够告诉你们。"

"黄蜂也有毒吗?"喻儿问,"从前也有一只黄蜂刺过我,因为我想把它从一串葡萄上赶走。我没有说出来,但总觉得很不舒服。想一想,这样一只小小的东西竟能伤得人这般厉害!那时我被它刺了,我的手好像着了火,辣辣的,痛得很。"

"自然啰,那黄蜂也是有毒的,比蜜蜂还要毒,所以它的刺使人更痛。野蜂和大黄蜂都有毒,那大黄蜂就是红色的大胡蜂,足有 1 寸长,它们有时飞到果园里吃梨子。你们要特别当心大黄蜂,我的小朋友。给它们刺一下,只一下便足够使你们剧烈地痛上好几个钟头。

"所有这些虫儿都有一个有毒的武器以保护自己,那武器的构造都是一样的。这武器叫刺。它是柄细小坚硬而锐利的尖刀,是一柄比最尖锐的针还要尖的匕首。那刺生在这些动物的肚子下端,在收藏的时候,是一点儿也看不见的,那刺收藏在鞘子里,那鞘子又缩进肚子里。在自卫的时候,蜂便从鞘里把刺伸出来,以便防御和攻击敌人。

"你们都熟悉的疼痛并不完全是被刺的伤口引起的。那伤口异常细小,连眼睛也看不见。假使用一根像蜂刺那般细微的针或刺来戳一下,我们不会觉察到。但是,那刺连着蜜蜂体内的一袋毒汁,用一根中空的管子把毒汁滴到伤口上,刺便马上缩回去。至于那毒汁,早已留在伤口里,只有毒汁才会引起针刺般的痛。倘若到必要的时候,爱密儿是能够讲给我们听的。"

保罗叔叔第二次攻击爱密儿,他有意再说到闯祸的事,责备他对蜜蜂的粗暴。爱密儿假装着拭起鼻涕来,其实他哪里有什么鼻涕,不过是用来掩饰他的窘迫而已。保罗叔叔好像并没有注意到,继续说:

"研究这些奇怪问题的学者告诉我们下列的一个实验,使得我们更能确定,确实是由留在创口内的毒汁引起了剧烈的疼痛,并不是创口本身。倘使有人把一根很细的针在皮肤上戳一下,那创伤是很轻的,而且立刻就消失了。我想克莱儿在缝纫的时候,一定不怕刺痛手。"

"哦,是的!"她说,"即使刺出血来,也一会儿就好了。"

"但是在那本身无妨的针刺所致的小创伤上,把蜜蜂或黄蜂的毒汁注进去,便会产生剧烈的疼痛。我刚才说的学者把一枚针的尖头伸入蜂的毒汁囊里,然后把那蘸着毒汁的针头在自己的皮肤上轻轻地刺一下。这一次的疼痛很厉害,而且持久,比那蜂叮一下还要痛得厉害。痛楚之所以特别大的原因是因为针尖和蜂刺比较起来,针尖要大得多,针尖所造成的创口既大,毒汁的注入也多。我想你们现在应该都知道了,之所以弄得格外痛,是因为有了毒汁注入的缘故。"

"那是很显然的。"喻儿说,"但是叔叔,请你告诉我,为什么那些学者把针蘸了蜂的毒汁刺着玩呢?这种玩法真是古怪,无缘无故地弄伤自己。"

"无缘无故?哼哼!你以为我讲给你们听的都是无缘无故、毫无意义的事吗?那些人是谁?他们是最勇敢的研究者,他们把什么东西都学会了,把什么东西都观察了、研究了,为的是要设法减轻我们的痛苦。他们自愿被刺中毒,他们冒着生命危险来研究毒汁的效力,以教我们如何克服它,它有时是非常可怕的。倘使我们给毒蛇或毒蝎咬一下,那么我们的生命就有危险了。哦,那么要清楚地知道毒汁是怎样生效的,应该怎样才能抵制它的蔓延,这是很重要的。那些学者们的研究是很宝贵的,而这种研究在喻儿看来,只是一种古怪的把戏。我的小朋友,科学是神圣的,凡是能够扩大我们的知识范围、消灭人类痛苦的实验,科学家都是无所畏惧的。"

喻儿不幸的失言碰了他叔叔的钉子。他低着头,一言不发。保罗正要发作的时候,忽然又平静下来,继续讲起毒汁的故事。

二十九、毒汁

"一切毒物都和蜜蜂、黄蜂和大黄蜂一样,它们用一种特殊的武器——针、牙、毛刺、短刀——这些武器都藏在身体的某处,依种类的不同而定。它们在别的动物身上弄出一处微细的创口,同时又分泌出一滴毒汁在创口里。那武器没有别的用处,只是为毒汁开一条路,让毒汁能进入敌人的体内。假使皮肤上没有创口让毒汁进入敌人的体内,就是最毒的毒汁也可放到皮肤上或用手指蘸取,那是无害的。不但如此,那毒汁还能够放在嘴唇上、舌头上,甚至吞进肚子里去,即使这样,也不会产生任何不良的影响。放在我的嘴唇上,那大黄蜂的毒汁最多也不过和清水一样而已,但倘使唇上有一点儿极细微的创口,那时痛楚便猛烈极了。毒蛇的毒汁只要不和血液相混,也同样是无害的。勇敢的实验家曾把蛇的毒汁吞咽下去,结果没有一点儿不舒服的感觉。"

"那是真的吗? 人们竟有吞食毒蛇汁的勇气吗? 哎哟! 我真没有那样的勇气。"这是克莱儿说的。

"我们是很幸运的,我的好孩子,科学家已经这样做了,我们应该十分敬重他们,因为只有这样做,他们才能教我们在被蛇咬时应该采用怎样的最迅速、最有效的方法应付,这种方法以后我会讲到。"

"不伤害手、嘴唇、舌头的毒蛇汁倘使和血混起来,是不是很可怕呢?"克莱儿问。

"可怕得很,好孩子,我现在正要讲到这些。假定有一个鲁莽的人惊动了那可怕的睡在太阳下的爬虫(毒蛇),这东西便立刻把自己一圈圈地卷起来,突然从中心跃起,在那人的手上咬一口。这样的事只一瞬间便完成了。用同样的速度,那毒蛇把它那盘得像螺丝的身子缩回去,把头抬在盘圈的上面,继续威吓着那人。那人不需等它第二次的攻击便逃走了。但是,唉!创伤却已存在了!在那被咬的手上可以看见两粒小红点,细得像针刺一般。这是没有什么的,倘使你们不懂得我教你们的知识,你们必然会以此自慰。这个无害是假象啊!你看吧,那红点慢慢地变成一个青黑色的圈。手非常痛,而且肿起来,渐渐扩展到臂膀上。冷汗马上出来了,胸口恶心,呼吸也困难了,眼前发暗,知觉也麻木了,眼前只觉一片昏黄,同时又抽起筋来。倘若救治不及,也许性命会送掉。"

"叔叔,你讲得我们鸡皮疙瘩都起来了!"喻儿颤抖了一下,"倘使我们遭到了这种不幸,那时你又不在,离家又远,我们该怎么办呢? 他们说邻近山上的矮树林里有蝮蛇(一种毒蛇)。"

"可怜的孩子们,希望你们永远不要遭遇到这种倒霉的事情啊! 但假使这事真的碰到了,那么你们应该赶快把受伤处以上的手指、手、臂紧紧地用绳扎紧,阻止毒汁在血液里流动;你们一定得在伤口的周围挤压,务必使之出血;紧接着必须用嘴在伤口上用力地吮吸。我刚才已讲过,毒汁在完好的皮肤上是无害的,所以只要嘴里没有一点儿伤,在创口上吮吸是没有危险的。在吮吸和挤压之后,你便可以见到血出来,这说明你已经成功地把创口内所有的毒都吸出来了,此后,那创伤便不要紧了。为了更安全起见,那创口应当迅速地用腐蚀性的药水,如硝镪水或阿摩尼亚水,或者用一块烧红的铁,在创口上腐蚀和烧灼。腐蚀和烧灼可以把毒质都消灭掉。这是很痛的,我也承认,但要免除后患,只有忍耐着熬一熬。腐蚀或烧灼的手术是要请医生来做的。初步的急救法,如缚紧了阻止毒汁的流动,挤压使毒血流出,以及用力吮吸把毒汁吸出来,这些都是我们自身能做的。所有这些都应该很快完成,耽搁得愈久,事情就愈糟。如果这些急救手术能很迅速地完成,那么毒蛇的咬伤是很少产生恶果的。"

"你安慰了我,叔叔。这种急救手术并不难做,只要一个人的心绪平静。"

"所以,这是很重要的,我们必须在危险的时刻保持理性,不能让恐慌搅乱我们的思维。人在平时能控制住自己,在危险时更应控制得住。"

三十、蛇与蝎

"你刚说过，"爱密儿插嘴说，"毒蛇是咬而不是刺的，但我以前不是这样以为，我听说它们是有一支刺的。跛子路易，他是什么东西都不害怕的。上礼拜四，他在旧墙脚下捉到一条蛇，还有两个同伴帮忙。他们用一根灯芯草把蛇头缚起来。这时我刚好路过，他们叫住我。那蛇嘴里吐着一种东西，黑色，尖而能弯曲，它伸出缩进得很快。我以为这是蛇的刺，很是害怕。路易笑着说，那是蛇的舌头，他为了证实这话，还用手触了一下那东西。"

"路易的话是对的。"保罗叔叔肯定道，"蛇能很快地从它们的唇间吐出一种很软而分叉的黑东西。这东西也可以当作蛇的武器，它有多种用处，但实际上这东西只不过是舌头，一个毫无危险的舌头，它用来捕捉小昆虫，又用来表示愤怒，模样很古怪：那舌头在两唇之间急速地伸缩着。蛇都有这样的一个舌头，无一例外，但在法兰西，这种毒蛇则具有可怕的毒汁器官。

"这器官有两个钩，或称牙，长而尖，位于上颚。这两个牙可以直立起来以便攻击，或者在牙龈的凹孔内卧倒，好像一柄藏在剑鞘里的小剑。这样放着，蛇便没有伤害自己的危险。

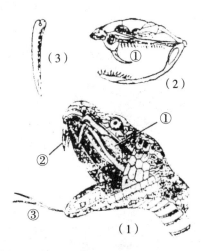

(1)头部：①毒囊　②毒牙　③舌
(2)头部骨骼：①毒牙
(3)管牙

毒蛇

这两个牙是中空的,尖上有一个小口,毒汁可以从这里注入伤口。每一个牙的底下都有一个装满毒汁的小囊。这种毒汁无色无味,人们往往会把它当作清水。当毒蛇用它的牙齿攻击时,那毒汁囊便挤出一滴毒汁,经过牙齿里的管子,注入伤口里去。

"毒蛇大都生活在温暖而多石的山上,藏身在石头和草丛下面。它的颜色呈棕色或红色,背上有一条晦暗的曲带,两旁各有一排斑点,肚子是瓦灰色的,头呈三角形,比颈大,前端很钝,好像截去了一截似的。毒蛇都很胆怯,攻击人只不过是为了自卫。它的行动很是粗鲁莽撞,性情懒惰。

"法国还有许多种普通蛇,这些蛇和毒蛇不一样,没有毒蛇的毒牙,因此即使它们咬了人也不要紧。人们对于它们的憎恶确实是没理由的。

"在法国,除了毒蛇以外,便没有比蝎子更可怕的毒物了。蝎子的样子怪难看的:有八只脚,头上生着两柄像蟹的螯那样的钳子,后面拖着一条有节的弯曲尾巴,尖端有一个刺。钳子虽然样子看起来恶狠狠的,但没有毒,它尾端上武装着的刺才是有毒的。蝎子就用这个刺来自卫,同时杀死它所要吃的虫子。在法国南部,有两种蝎子:一种是绿而带黑的,常躲在黑暗阴凉的地方,甚至有时在屋子里,它只在晚上才离开它的住所。我们能在潮湿颓败的墙垣上看见它跑着,找寻它的食物——木虱和蜘蛛。另外的一种比前一种大得多,是灰黄色的。它躲在温暖的沙石间,那绿而带黑的蝎子刺起来并不会引起严重的后果,而灰黄色的则是很致命的。当任何一种蝎子被激怒时,它尾端刺的尖上可看到一滴汁水,像一粒珍珠,这时的它已经预备好攻击了。这就是一滴毒汁,蝎子用来注入伤口的毒汁。像这样的毒物,每个国家都有很多,我可以都讲出来,还有各种各样的毒蛇,被它们刺了,人便被置于死地。听!恩妈在叫我们吃饭了。我们赶快结束吧!世界上

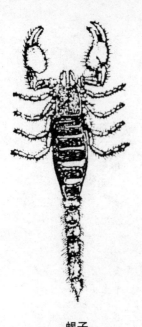

蝎子

没有一种动物，无论它是何等丑而可怕，都不能从远处放射毒汁来伤害我们。一切毒物的行为都是一样的：它们用一种特殊的武器给人以轻微的伤害，同时把一滴毒汁注在伤口里。伤口本身没有什么，促成疼痛有时甚至致命的是那注入伤口的毒汁。那有毒的武器对于它们是用来猎食或自卫的。那武器位于身上的哪一部分，其前后左右是因种类不同而定的。蜘蛛有两个刺，弯倒在嘴部；蜜蜂、黄蜂、大黄蜂、野蜂等，它们的刺都在肚子下面，安静的时候，藏在鞘里看不见；蝮蛇和别的各种毒蛇，上颚都有两只长而中空的牙齿；蝎子的刺是生在尾端的。"

　　"很可惜，"喻儿说，"杰克没有听你讲毒物的故事。不然，他便会知道毛虫的绿色肚肠是没有毒的。我要把这些都告诉他，以后我要是找到其他美丽的大毛虫，不会再把它踩死了。"

三十一、荨麻

饭后，保罗叔叔在栗树下看书，孩子们都到花园里去玩了。克莱儿修剪着枝叶，喻儿给花瓶添水，爱密儿——哎，鲁莽的小家伙，他碰到了一件不幸的事！一只大蝴蝶在墙脚的草上飞着。啊，真是一只美丽的蝴蝶！蝴蝶的上半身是红色的，有黑色的镶边，大而蓝的眼睛；下半身有棕色带波状的线条。蝴蝶停了下来，这机会太好了。爱密儿缩着身子，用脚尖轻轻地走近，伸手想要捉住它；然而，蝴蝶飞走了。爱密儿急忙把手缩回，有些痛，手已红了。疼痛加剧，愈来愈痛，那可怜的孩子急忙赶到他叔叔那里，两眼含满了泪水。

"一个有毒的东西咬我呀！"他哭着，"叔叔，你看我的手呀！痛——哎哟，手痛呀！毒蛇咬我了！"

保罗叔叔听见"毒蛇"二字，急忙跳起来。他看了看受伤的手，笑了。

"不要紧的，我的小朋友，花园里是没有毒蛇的。你做了什么傻事呢？你说，你在什么地方被咬的？"

荨麻

"我要捉一只蝴蝶，它停在墙脚的草上，当我伸手去捉它时，有什么东西叮了我一口。你看呀！"

"这没有什么，我可怜的爱密儿。你到泉边去，把手浸在凉水里，疼痛便消失了。"

一刻钟之后，他们正讲着爱密儿所遭遇的不幸，这时他一点儿也不痛了。

"好了，痛已消失了，爱密儿你要知道是什么东西叮你吗？"他的叔叔问。

"我自然想知道，下回可不要再捉它了。"

"好,刺痛你的是一种草,名叫荨麻,它的叶梗和细枝上有许多芒刺,很坚硬,刺里蓄满了毒汁。当一根芒刺戳进皮肤里时,尖端裂开来,里面的毒汁便注入伤口里,从而引起疼痛,但并不危险。你们看,那荨麻的芒刺竟和毒物的武器一样,所以荨麻是一种毒草。

"我还要告诉爱密儿,那只蝴蝶叫绯绒蝴蝶,它的毛虫是黑绒样的,有白色的斑点。它也有像刺一样的毛芒。它不结茧子,它的蛹饰着条纹,闪闪如黄金,用尾巴悬挂在空中。绯绒蝴蝶的毛虫住在荨麻上,吃它的叶,一点儿也不在乎荨麻的毒芒刺。"

"毛虫既然吃毒草,那么为什么它自己不会中毒呢?"克莱儿问。

"好孩子,你把动物的毒汁和毒药相混淆了。毒汁这种东西,从伤口中注入血液里,可导致死亡,像毒蛇的毒汁那样。毒药是一种吞入或注入肚子里以后才会致死的东西。毒药倘若吃了下去,那人或动物便活不成了。从蛇的牙和蝎子的尾针里流出来的是毒汁,当它和血液混起来时才能杀人,但它并不是毒药,因为它可以吞下肚去,一点儿危险也没有。荨麻的毒汁也是一样的。因此恩妈把刈下来的荨麻给小鸡们吃,绯绒蝴蝶的毛虫把荨麻当饭吃。这荨麻就是刚才让爱密儿痛得哭起来的东西。在法国,只有荨麻是毒草,但世界上还有许多其他的毒草,假使吃了,就会生病,甚至会致人死亡。我以后自然会讲给你们听,以便你们能够随时避开它们。

"那荨麻的芒刺使我想起了毛虫身上的毛。有许多毛虫的身上并不长毛,而是光光的,这种毛虫是无害的。它们可拿来放在手掌上玩,无论它们有多大,或者甚至背端有一个角,但都和蚕一样,不用害怕。有些毛虫的身上有毛,甚至还带有倒刺,若是戳进皮肤便拔不出来了,这样便弄得很痒,有时会疼痛而肿胀起来。因此,对于那种有毛的虫,不要相信它们是无害的,特别是那种簇拥在橡树和松树上做丝窝的'行列虫'。'行列虫'这个名词让我又想起了另外一个故事。"

三十二、行列虫

"我们时常可以在松树枝上看到许多和叶子交混的丝囊。这些丝囊大都是顶上鼓，下部窄，像梨子。它们有时像人的脑袋一样大，都是些窝巢，里面群居着一种生有红发的毛毛虫。这是一种蝴蝶所产的卵孵化出来的，同住在一个丝窝里，窝巢是它们自己做的。它们为了共同的利益，各自做着一部分工作，一起抽着丝，一起编织着茧子。窝巢的内部用薄薄的丝壁隔成许多小房间。在大的一头（有时在别的地方）有一个较大的漏斗形口，是大门，别的较小的门则随处分布着。毛虫的窝巢都盖得很好，冬天住在里面可以躲避恶劣的天气。在夏天的夜里，或者极热的时候，它们便爬进去避暑。

"一到天明，它们便跑出来散布在松树上，吃着松叶。待吃饱以后，重新又回到丝屋里去，避开烈日。当它们出来的时候，无论是在坐着窝巢的树上，或者从一棵树到另一棵树时经过的地上，这些毛虫总是以一个简单的模式行进，因为这种模式，人们才给了它们一个'行列虫'的称呼，因为是排成一长条的，一个接一个的，所以行列极为整齐。

"一条虫先跑出来——它们之间是绝对平等的——在路上跑着，作为它们的队长。第二条便衔接上去，中间不留一点儿空隙，第三条跟了第二条跑去，以后第四条、第五条依次地接下去，一直接到巢中最后一条。它们排成一条长线，有直有曲，但始终是牢牢衔接的，因为每一条虫都把头接在前面那条虫的尾梢。这个队伍好像在地上画一条长而有趣的圈，那圈时而不断地向左或向右起伏着。假使有几个窝巢挨得很近，它们各自的队伍碰巧遇在一起，这时的情形才是最有趣的。那各个不同的圈互相交叉起来，样子十分古怪。遇到这种情况，它们之间并不会发生混乱。凡是属于同一个队伍里的行列虫，都一致地行进着，差不多都是走着很整齐的步伐,没有一条争先,也没有一条落后。在行进的行列中,没有一条会弄错队伍,每条行列虫都保持着它的行列,谨慎地跟随它前面一条虫的领导,循序地爬着。一队的领袖引导着全队的行进。当第一个向右转时,同队中所有的行列虫都一条接一条地向右转;当它向左转时,所有的行列虫都一致地向左转;倘若它停住了,整个队伍也就停住了,不过并不是同时停止的,而是第一条先停,第二条接着停,第三、第四、第五条……一直停下去,直到队尾。它们真可称得上是一支久经训练的队伍,当排成行列向前行进的时候,只听一声号令立即停止,收起队伍。

"这一个队伍只不过是一个寻找食物的远足队或旅行队,现在已经完事了。它们离开窝巢已经很远了,时候不早,该回去了。在它们刚才所经过的草丛和崎岖的路途中,它们怎样认出原来的路呢?是由遥望来找归路吗?那路已被青草遮蔽了。那么它们是由嗅觉来辨认的吗?路上各种各样的香气弥漫着,不会弄错吗?不,不,行列虫有着自己的路标,比遥望与嗅觉要高明得多。它们有一种本能,这种本能用永无错误的方法启示它们。它们不靠思维,但自会做好自己的事,好像很理智。无疑,它们是没有理智的,但它们永远服从着大自然神秘的支配。万物都生存在大自然的理智之中,因大自然的理智而生。

"行列虫在长途旅行之后,为了不迷失方向,它们在自己的路上铺了一条丝的毡子,它们走时不踏在别的上面,只踏在丝上,它们一路走,一路不断地抽着丝,粘在路上。我们可以看到,队伍中每一条行列虫都不断地低下和昂起它的头。低下头时,那生在下唇的丝囊把一根丝粘在队伍走过的路上;昂起头时,便从丝囊中抽出丝来,边走边抽,每一条跟着前面一条留下来的丝走的行列虫各自加上一条丝,因此它们所经过的路上,都铺着一条丝带。行列虫就是根据这一条丝带的引导回到它们的家的,无论路上是怎样的崎岖弯转,它们都不会迷路。

"倘使有人要作弄它们,用手指把丝路截断。行列虫停在被截断的地方,露出各种恐惧和疑虑的表情。是继续行进呢,还是停止不前呢?行列虫的头都纷纷昂起又低下望着,焦急地找寻那根引路的丝。到后来,有一条行列虫比别的行列虫胆大,或许是不耐烦了,它独自横过被割断的地方,用丝把断了的地方接起来。第二条虫便毫不踌躇地照着第一条虫所铺设的丝爬过去，在经过时，也把自己的丝加在新补的路上。别的虫也照样做，其余的也跟着去做。那断掉的路立刻就补好了，大队便继续行进。

"橡树上的行列虫行进起来是另一种样子。它满身盖着白毛，向身后弯曲，而且很长。一个窝巢内住有行列虫七八百条。当它们决定要旅行时，一条虫先出巢，爬到相当远的地方停住，使得后面的虫能够有时间排起队伍来。第一条虫向前领导行进，别的接上去，但并不像松树上的行列虫那样，它们是两条一排，或三四条一排，或者更多。等到队伍排好，它们便服从领导者的指挥，跟着移动。那领导者始终独自一个，在大队行列虫之前爬着，而其余的则几个一排地紧挨着，异常整齐。这行列虫的军队，在前几排看来，是头尖尾宽的宝塔式，因为各排内的虫都逐渐增加起来的缘故；其余的几排则是或多或少没有一定的，有时一排多至15~20条，同时踏着脚步向前行进，像是训练有素的兵士，每条虫的头从不越出队伍以外。自然，全军在行进时，也是用丝来铺路，以便在回巢时不会迷路。

"行列虫，特别是橡树上的，都躲在它们的窝巢里蜕皮，这些窝巢中便装满了细断毛。这时如果你们用手去触这些巢，那些毛屑便会粘到你们的头和手上，倘若皮肤细嫩，那就要弄得发肿，经过好几天才会退去。人们只要在行列虫做有窝巢的橡树下面站一站，便会粘上风吹来的使人发肿的细屑，感到针刺般的剧痛。"

"行列虫有可恶的毛，真是扫兴的事！"喻儿叹息着说，"倘若它们没有的话——"

"倘若它们没有毛，喻儿一定很高兴去观看行列虫的队伍。其实，这是不要紧的，那危险并不是十分大。我们只需在皮肤上抓几下就完了。我们可把我们的注意力转移到松树上的行列虫身上，因为它们没有橡树上的那样厉害。等到明天最热的时候，我们到松树林里去找行列虫的窝巢，但只能我和喻儿同去，爱密儿和克莱儿会耐不住这样热的天气的。"

三十三、暴风雨

保罗叔叔和喻儿一块儿出发的时候,天气非常热,太阳火一般地烤着大地。他们猜想行列虫一定正躲在它们的窝巢里,因为它们忍受不了这样强烈的阳光。

喻儿的心里充满着孩童时期固有的天真与欢乐,心中念念不忘行列虫和它们的队伍。他大踏步地走着,忘记了炎热和疲乏。他把围巾解开,把外衣褪在双肩上。保罗叔叔在路旁的荆棘里折了一根冬青枝,给他作手杖。

这时蟋蟀叫得特别响;青蛙呱呱地在池塘中喧吵;苍蝇特别让人觉得讨厌;路上有时吹来一阵风,还带着灰土。喻儿毫不注意这些现象,但他的叔叔注意着,时时抬头向天空观望。南边云集着大块的红云,让他有一点儿担忧。"恐怕我们会遇到雨吧!"他说,"我们快点走。"

约三点钟,他们到了松树林里。保罗叔叔拉下一根有个大巢的松枝。他猜得不错:所有的行列虫都回到了它们的窝巢里,也许是已经预见到了天气的不佳。于是他们坐在一棵松树下面休息,准备回去。他们又很自然地谈到了行列虫。

"你讲给我们的行列虫,"喻儿说,"离开了它们的巢,散布在松树上吃松叶。这里果然有着许多枝丫都被弄得变成枯木了。你看我正指着的松树枝,它的叶子一半都凋落了,好像火烧过一样。我很高兴看行列虫排着队走,但我不得不可惜那些树木,它们在可恶的行列虫的牙齿底下枯萎了。"

"假使这些松树的主人知道保护他的利益,"保罗叔叔说,"他便应在冬天,当行列虫都聚居在丝巢里的时候,把树上所有的巢收集在一起,放火烧了,这样便可把那些可恶的家伙毁灭,以免它再生出小虫来咬食嫩芽,影响树木的生长。要是在我们的果树园里,那害处更大多了。各种各样的虫成群结队地住在我们的果树上,和行列虫一样做着窝巢。到了夏季时,那些饿得发慌的虫们便会布满一切树木,毁坏叶子的嫩芽,只需几个钟头,整个园子都完了。因此,我们必须时时注意找寻虫们的巢,在春天来临之前便把它们从树上摘下来,一起放火烧了,这样才能有好收成。幸运的是,有几种动物——特别是小鸟,在这种人类和虫类的决死斗争中,帮了我们,不然,那些害虫——它们数目众多,实际比人类来得强——便会把我们的收成都吃掉了。我们等以后再讲那些小鸟吧,天气太坏,我们快回去。"

现在看啊,那南面天上的红色云块渐渐地厚了起来、黑了起来,逐渐积成了一大堆乌云,似乎在风中还有些疯狂!大风吹得松树顶都弯了,同时还夹带着一股泥土的气息,这是暴风雨的先兆。

"我们此刻还是先不要走,"保罗叔叔警告说,"暴风雨马上就要来了,我们快点找个避雨的地方。"

远处的大雨形成了巨大灰暗的帐幕。一场倾盆大雨行进得非常迅速,它能追上最快捷的马。雨来了——现在已经来了。凶恶的闪电像利刀般从云层中划过,随后便是震耳欲聋的雷声。

突然一声巨响,喻儿呆住了。"叔叔,我们躲在这里,"那受了惊的孩子说,"我们躲到大松树下面去,有它盖着,我们可以避雨。"

"不好不好,我的孩子,"他的叔叔大喊,"让我们避开这棵危险的树。"

保罗叔叔拉着喻儿的手,急急忙忙地穿过夹着冰雹的雨滴。保罗叔叔知道在松林外面有一个洞,在岩石中掘出来的。他们刚赶到那里,狂风暴雨用了全力倾倒了下来。

他们等在那里,看着暴风雨,只见一团耀眼的火光一闪,似乎把乌云都劈开了,轰然一声把一棵松树击倒了,声音大得可怕,人们或许会以为是天掉下来了。这样恐怖的情景只在一瞬间便完成了。喻儿给吓呆了。他的叔叔十分镇定,未被恐怖困扰。

"勇敢一点儿,可怜的孩子,"保罗叔叔安慰他说,"咱们拥抱一下,现在已经安全了。我们已经逃过了一次大危险。瞧,那棵被雷劈倒的松树就是我们刚刚想钻在下面去避雨的树。"

"哎哟,叔叔,真可怕啊!"喻儿说,"我刚才真以为一定要死了,你刚才不管雨滴,一定要快点跑开时,怎么知道雷要劈那棵树的呢?"

"不,亲爱的,我一点儿也不知道,别人也不会知道,只不过有几点道理使我害怕躲在那棵枝叶繁茂的大松树附近。为了谨慎起见,才找寻一处比较安全的避雨地方。那时候,我不是屈服于恐怖而躲在松树下面,就是听从谨慎的考虑而另找一个地方,在这一瞬之间,我有了好的决定,来到了这里。"

"什么道理才使你避开那危险的树呢? 你肯告诉我吗?"

"我很高兴告诉你,但最好我们聚在一起时再讲,因为这样每个人都能有所收获。在暴风雨的时候,人人都应该知道,跑到树荫下去避雨是最危险的。"

这时候,雨云带着闪电和雷响移到远处去了。在西方,下山的太阳光芒四射;在另一面,暴风雨所去的一面出现了一条巨大的彩虹,很像一座七色桥。保罗叔叔和喻儿开始上路了,但仍不忘谈论行列虫。

三十四、电

喻儿把白天的情形向他的姐姐和弟弟作了详细的讲述。在讲述电闪雷鸣的时候，克莱儿像树叶般地颤抖起来，她说："倘若我看到雷劈倒松树，我一定会吓死的。"这时，他们的好奇心来了，大家一致请求他们的叔叔讲一讲雷。第二天，喻儿、爱密儿和克莱儿聚在保罗叔叔那里，听他讲关于雷的故事。喻儿先开了个头：

"现在我一点儿也不害怕了，叔叔，你肯告诉我们吗：为什么在暴风雨的时候，我们不应躲在树下面？我想爱密儿一定也想知道的。"

"我先要知道雷是什么东西？"爱密儿说。

"不错，我也想先知道这个。"克莱儿说，"当我们知道了什么是雷时，那么为什么躲在树下面是危险的道理便容易明白了。"

"对极了。"他们的叔叔很赞赏地说，"让我先问问你们，你们认为雷是什么东西呢？"

"当我很小的时候，"爱密儿自告奋勇地说，"我时常以为雷声是由一个大铁球在天顶上滚动时所发出来的。倘使天顶上有什么地方破损了，那个球掉下地来，便成了雷。我现在不相信它了。我已经长大了。"

"长大了？应该说是你的理解力逐渐提高了，那铁球的简单解说已经不能满足你了。"

于是克莱儿说："以前我所设想的种种理由已经都不能令我满意了。从前我以为雷声是一辆笨重的载着破旧铁器的车子，它在能够发出响声的天顶上滚着。有时候，轮下面滚出一粒火星来，好像马蹄铁碰在石头上生出来的火星一样；那就是闪电。天顶是很滑的，四周有岩石峭壁环绕着。倘使车身侧一下，所装载的旧铁块便会翻下地来，毁坏树木和房屋，伤害人们。昨天我想起了这个解说，觉得很好笑，但我直到现在还不知道雷究竟是什么东西。"

"你们对雷的解说虽然不同,但主要的意思是完全一样的——那就是一个能发出声音的天顶。你们要知道,那蓝色的天顶是由包围我们的空气使然的,因包得很厚,所以有一种美丽的蓝色。在我们地球周围并没有天顶,只有厚厚的大气层,大气层以外是太空,有我们晚上看到的月亮、星星,还有白天的太阳。"

"我们不管天顶不天顶,"喻儿说,"爱密儿、克莱儿和我都不相信会有什么天顶了。请你往下讲吧。"

"讲下去? 这里难题就来了。我的孩子们,你们知道你们的问题有时是很难回答的吗? 你们必须知道,你们不了解的事情多着呢,你们在了解这些事物之前,还得先有较成熟的理解力。你们年纪逐渐大起来,并且多加以研究,自然会渐渐知道你们现在还不知道的事情。打雷的原因也就是其中之一。我很愿意把雷的道理告诉你们,但倘若你们不懂我在说些什么,怎么办? 这题目对于你们太难——是非常难的。"

"你尽管讲吧,"喻儿坚持着,"我们注意听就是了。"

"那就这样吧。空气是看不见摸不到的,倘使空气是静止的,你们也许猜想不到它的存在。但当一阵狂风吹弯了高高的白杨,卷着叶子旋转,连根拔起了树,吹去了房子的屋顶,这时谁能够怀疑空气的存在呢? 空气是如此稀疏,看不见,在静止时又这样温和,所以它是一种物质,虽然运动猛烈时,它是一个很野蛮的东西。就是说,虽然没有东西可以表现它的形状,但这物质是存在的。我们没有看见它,或者触着它,也没有感觉到它,但它是存在的,围绕在我们的四周,我们被它包围着,生活在其中。

"这里还有一种东西,也看不见,比空气还要难于发觉。这东西什么地方都有,甚至我们身上也有,但它一动不动地伏着,静得直到现在你们还没有听见过它。"

爱密儿、克莱儿和喻儿互换了一下眼色,是想要猜那到处都有而他们还不知道的东西。他们所想想的,离保罗叔叔所指的东西尚距十万八千里。

"你们各自想一天、一年,甚至也许想一世也找不出一点儿影子来,你们不会知道它是什么东西。你们要知道,我现在讲到的东西是完全隐藏起来的,科学家们做了极细密的搜寻才找出了一点儿影子。我们且来实践一下科学家们教我们的方法,把它显现出来。"

保罗叔叔在桌上拿了一根火漆棒,放在袖管上很迅速地擦着,随后把棒靠近一张小纸片。那纸片跳起来,贴在火漆棒上。这实验重复了好几次,那小片纸每次都自动地跳起来,贴在棒上。

"这根火漆棒本来并不能吸纸,现在它吸了。那么,火漆棒在衣袖上的摩擦一定是产生了什么看不见的东西在棒上,因为棒的样子没有改变,而那看不见的东西确实是存在着的,因为它能够把小纸片吸起来,吸到火漆棒上,贴在那里。这个看不见的东西叫静电。你们随便用一块玻璃,一根硫黄的、树胶的或火漆的棒,在布上摩擦便能很容易地产生它。这些东西经过摩擦以后,便能生出一种力,吸住很轻的东西,如小片的柴草、纸屑等。今晚,假使我们的猫儿肯乖乖地不吵,它能告诉我们比这更多的知识。"

三十五、猫的实验

风吹起来阴冷而潮湿,这是前天暴风雨影响的结果。保罗叔叔借口要把厨房里的火炉生起来,恩妈觉得有些奇怪,大热天生火炉,没道理呀!

"夏天生起火炉来了!"她说,"谁见过这样的事呢?只有我们的主人会这样异想天开。我们会感到很热的。"

保罗叔叔不管她嘀咕,只管做着。他们在桌旁坐下来。家里的大猫吃了晚饭之后,虽然并不觉得太冷,但坐上了火炉旁的一把椅子。不多一会儿,它的背转向温暖的火炉,快乐得喵呜喵呜地叫起来。一切都按照所希望的进行着,保罗叔叔的计划实现了。有几个人嫌热,但他一点儿也不在乎。

"你们是不是想,这火炉是为了你们而生的?"他对孩子们说,"不瞒你们说,我的小朋友,这是给猫生的,只是为了猫。它打着冷战,可怜的小东西,你们看它此刻在椅子上多么快乐。"

爱密儿对他叔叔这样地照顾猫正要噗地笑出来了,但克莱儿想这一定有他的道理,便用肘触了触爱密儿。克莱儿所想的是很有见地的。他们吃完了晚饭以后,便回到雷的问题上来。保罗叔叔开始说:

"今天早晨我曾说,借猫的帮助,我要给你们看一些很稀奇的事情。倘若猫肯的话,现在便可实现早晨的话了。"

他捉住猫放在他的膝盖上,猫身上已热烘烘的了。孩子们都凑过去。

"喻儿,你把灯吹灭了,我们应该在黑暗中进行试验。"

灯熄了,保罗叔叔用手在猫的背上来回地抚摸着。啊!啊!奇怪!猫背上冒出了许多亮晶晶的小白点,好像是小火星,同时还有细微的劈啪声。大家惊呆了。

"不要再弄了！我们把猫弄出火来了！"恩妈叫着。

"那火会烧起来吗，叔叔？"喻儿问，"猫也不叫，你在它身上打火它也不怕吗？"

"那些火花并不是火。"保罗叔叔回答说，"你们都还记得那根火漆棒吧，在布上摩擦以后，便能吸起小纸片。我已经告诉过你们，那是由摩擦而起的电把纸吸到火漆棒上去的。现在，我的手擦着猫的背，就产生了电，因为产生的量多了，所以先前一点儿也看不见，现在都看见了，而且爆裂成火星。"

"倘若它不会烧痛手，那么我也来试一试。"喻儿请求。

喻儿把他的手放在猫背上，那亮晶晶的小白点和轻微的劈啪声又一次出现了。爱密儿和克莱儿同样地实验了一次。恩妈害怕，这位好婆婆也许认为她那猫身上冒出的火星是什么魔法。

三十六、纸的实验

"猫被惹恼了是要发火的,我们且用别的方法来产生电。请打开灯。

"你们把一张普通的硬纸从长边对折起来,然后把双层纸的两端执在手中,再把这张纸放到火炉上烘,要烘得刚好没有灼焦。烘得愈热,电生成得愈多。最后,在它极热时放上一块绒布,很快地摩擦,这块绒布应预先烘暖了,展放在膝上。倘若裤子也是绒布做的,烘热的纸就可以在这上擦。摩擦一定要快,并且要顺着纸的长。擦一会儿之后,把纸赶快提起来,这时应特别当心,不要让纸触到任何东西,假如触到了什么,电就没了。这时,用手指,最好用一把钥匙,靠近纸的中心,你们将看见一点儿亮晶晶的火星从纸上射到钥匙上,同时伴有轻微的劈啪声。要再来一个火星,你们得重新再做一遍,因为手指或钥匙碰到纸时,纸上所有的电都消失了。

"倘若不要发一点儿火星,可以把带电的纸平放在小片的纸屑、草片或羽毛上方。这样轻微的东西便被吸起来,又掉下去,它们从有电的纸上到桌上,再从桌上到纸上,上下跳动得极快。"

为了证实他的话。保罗叔叔拿了一张纸,折成一个长条,把它在火炉上烘了烘,然后放在膝上摩擦,最后,他将手指靠近纸时,闪出了一点儿火星。孩子们惊奇地看着从纸上发出来的闪电,同时还有劈啪声。猫身上的火星来得多,但不及纸上的火星来得强烈而光亮。他们后来都说,那晚上恩妈费了许多周折才把喻儿催上床,因为他要熟练实验的方法,总是不停地烘着擦着。

三十七、富兰克林与狄洛马

第二天,克莱儿和她的两个弟弟专门讲着昨晚的实验。整个早上,电的实验成了他们谈话的中心内容。猫身上的火星和纸上的闪光给他们的印象很深刻,因此他们的叔叔为了利用这一个实验来引起他们的注意,便立刻继续他的讲话。

"我可以断定,你们三个人会问自己,为什么在我把雷告诉你们以前,我要擦火漆棒、纸和猫背。你们即将明白,现在且来听我讲一个小小的故事。

"距今100余年以前,法国尼拉小县城里有一位县长名叫狄洛马,他做了一种当时最有名的试验,这是科学史上从未有过的。有一天暴风雨时,人们看见他带了一个大纸鸢和一球线,跑到乡间去。有200多名百姓都抱着极大的兴趣跟着他一同去。这位有名望的县长要去干什么呢?他是不是忘了他那尊严的职务,去做对他毫无价值的游戏?从城中各处赶来的好奇的人们都是来看孩子们玩的放风筝吗?不,不,狄洛马是要实现最大胆的计划,以发现一种从未知道的东西,他那大胆的计划是要把云中的雷引出来,从天上引下火来。

"从乌云中引下雷来,勇敢的试验者所用的纸鸢和你们常见的没什么两样,只不过在麻线里裹了一根铜丝。起风了,纸鸢被吹上了天空,高至200米。铜丝的下端接着一条丝线,这根丝线系在一间屋子下面,使它落不到雨。一根锡制的小圆筒系在麻线上,触到钻在麻线里的铜丝。最后,狄洛马拿了一根同样的锡圆筒,一头有个长玻璃管,当作手柄。这样东西名叫'励磁器',狄洛马就是用这个家伙,手执玻璃柄去触从云中下来的火,这火是由纸鸢的铜丝引导到线端的锡圆筒上的。那丝线和玻璃柄是用来阻挡电的进路,或者钻下地去,或者通到实验者的身上,因为这些东西是不导电的,除非电实在太强了,才能冲过去。而金属则与它们恰好相反,能够使电流畅通无阻。

"这就是狄洛马所发明的简单的装置,以实验他那大胆的计划。把这样一种孩子玩的东西抛到天空与云接触,希望有点什么事发生呢?这样一种玩具,说是可以引导雷下来,而且管得住它,你们不会当他是疯子吧!尼拉城的县长一定对雷有精深的研究,而且一定有成功的把握,要不然他怎敢这样去做?

"现在看啊,暴风雨的先锋——乌云,接近纸鸢了。狄洛马把手中的励磁器放近系在线末端的锡圆筒上,忽然发出一闪火光。那光是一团耀眼的火花,触在励磁器上,爆炸了一声,发出一阵闪电,立刻消灭了。"

"昨天晚上,我们拿一把钥匙放近一张烘过和擦过的纸上也看见同样的情形,喻儿用手触到猫身上也是一样的。"

"不错,其实是一样的东西。"他的叔叔答道,"雷,猫身上的火点,纸上的火花——都是因为电。我们且回到狄洛马身上,我们知道纸鸢的线上是有电的,是小规模的雷,这上面的电量很少,还没有危险,所以狄洛马敢用手指去触它。他每次把手指触到锡圆筒上时,都能引出一团火花,像被励磁器引出来的一样。他的做法使得看客都胆大起来,他们也想试试。他们围在那稀奇的圆筒的周围,圆筒上现已有了天上的火,是被人类的智慧叫下来的。人人都要看引出来的闪电,人人都想看自己的手指引出来的火花,他们都做了,似乎有些好玩。忽然一个猛烈的火花击到狄洛马的身上,几乎把他击倒了。危险的时刻到了。暴风雨渐渐地迫近,厚厚的乌云掠过纸鸢的顶上。

"狄洛马很镇静,他马上叫人们快点后退,实验装置旁边只剩自己一个人,站在一群人的中心,人们此时开始害怕起来。这时,狄洛马用他的励磁器从锡圆筒上引出了第一个猛烈的火花,其力量之猛足以击倒一个人,随后许多火带像蛇一般弯弯曲曲地四射开去,发出一阵爆炸声。这些火带计算起来,每根有二三米长。任何人触到其中一条火带,必死无疑。狄洛马怕随时有危险发生,让好奇的人们离得更远一些,且停止了危险的实验。但他不怕牺牲的精神又鼓起了他的勇气,他继续做着危险的观察,镇静得好像他在做最安全的观察一样。在他四周,只听见有一阵吼叫,好像熔铁炉中不断的沸声,空气中有着燃烧的气味,纸鸢线披上了一件闪亮的外壳，成为一条连天接地的火带。地上恰巧有三根长稻草，动起来向线上跳，跌下来又跳上去，这样的情形持续了好几分钟，人们乱哄哄的，十分惊奇。"

"昨晚上，"克莱儿说，"羽毛和小纸片在电纸和桌子之间的上下跳跃也和这是一样的。""那是自然，"喻儿说，"刚才叔叔已经告诉我们了，擦过的纸条也有电，不过数量很少罢了。"

"我很高兴你们把摩擦一种东西所得来的电看得和雷相似。狄洛马所做的危险的实验无非是要证明它们相似罢了。我说是危险的实验，真的，你们看那大胆的实验者的经历，是何等的危险啊。我刚才告诉过你们，三根稻草从地上跳到线上，再从线上跳到地上，正在这时候，人们忽然都吓得面如土色，因为那里忽然发生了猛烈的爆炸，一个雷掉下地来，把地打成一个大洞，弄得尘土飞扬。"

"哎哟！"克莱儿急着说，"狄洛马死了吗？"

"没有，狄洛马很安全，脸上现出得意的微笑：他的先见在大胆的实验中很成功地被证实了；他的实验说明了雷是可以在观察者手边从云中引下来的；他已经证明了雷的产生确实是电的原因。我的孩子，这个实验并不仅仅是用来满足我们的好奇心的，雷的性质已经确定了，因此我们就要学会如何来避免它的猖狂，这在以后讲到避雷针时再说。"

"狄洛马既然冒了生命危险做了这些重要的实验，当时的人们一定会很尊重他，他一定发财了。"克莱儿说。

"唉！我的好孩子，"她的叔叔答道，"事情往往不是这样的。真理很少能够找到自由发展的立足点，它还得和成见与无知斗争。这种斗争有时是很痛苦的，很强有力的人也会失败。狄洛马后来想在波尔都地方再举行一次实验，却被暴徒们抛石块打了一顿，他们把他看作危险人物，用妖法把天上的雷引下来。他不得不丢下他的实验装置，匆匆地跑掉。

"在狄洛马举行实验前不久，美国有个富兰克林，他对电也做了同样的探求。本杰明·富兰克林是一个贫苦的肥皂工人的儿子。他的求学十分艰难，但他用功读书，成了当时一个最伟大的人物。1752 年的一个暴风雨日，他带着儿子去了离费城不远的乡间。他的儿子手里拿着一只丝做的纸鸢，纸鸢的四角上系着两根小玻璃棒，下面拖着根金属尾巴，一直到下面阻电的机关，纸鸢迎着乌云而上。初时没有什么事发生，没能证明这位美国人的先见之明：线上一点儿电的影子也没有。雨下起来了,潮湿的线使得电更加自由地流动起来,电从天上引了下来,他很喜悦,一点儿也不顾危险地跑过去,用手指去触,使其产生火花,其猛烈程度足以使烈酒燃烧起来。"

三十八、雷与避雷针

"经过富兰克林、狄洛马等许多聪明人的研究以后,雷的真相大白。他们告诉我们:当电量很少时,一碰到手指便变成光亮的爆炸的火花,实验者不会有危险;又说明一切带电的东西都能吸引近旁轻微的东西,如狄洛马实验时所用的纸鸢线吸引稻草,擦过的火漆棒和纸吸引轻羽毛。总而言之,他们告诉我们:雷的原因就是电。

"有两种不相同的电,这两种电在各种物体中都有,量也相等。它俩混在一起时,一点儿也看不出,好像没有它们似的。一旦分开,各自便互相找寻、互相吸引,能够排除一切困难,冲向另一处,见面时爆出声、发出光。然后,一切便恢复原状,平静无事,直到这两种电重新分开。这两种电是相辅而行的,就是说它们俩合力成为一种无形、无害、无力的东西,到处都有,它的名字叫作'中性电'。使一个物体带电,就是分解这物体内的中性电,使那混在一起时无一点儿力的两种电分离开来。摩擦是一种分离两种电的方法,此外还有好多种。

"当两个带不同的电的云走近时,两种相反的电便跑在一起来相会了,这时一阵火焰爆发,发出一道光亮而迅速的强光,同时还有很大的爆炸声——隆隆!这强光是闪电,爆炸声就是雷响。

"你们通常所知道的雷响不过是它产生的一阵光亮和它爆炸的霹雳,若想看见电,一定得克制住恐惧,注意地望着乌云——那暴风雨的中心。你们时时刻刻能见到耀眼的光线,有的只有一条,有的一条支上分着多条。"

"暴风雨那天,雷击倒大松树的时候,我看见它,"喻儿插嘴说,"它的光亮耀得我许久看不见别的东西,好像我看了太阳一样。"

"下一回暴风雨再来时,"爱密儿说,"倘若叔叔在,我要望着天,看那火带。但我一个人时,我不敢看,它太可怕了。"

"我也是,"克莱儿补充一句,"叔叔在时,我要竭力抑制我害怕的心。"

"我一定在的,我的孩子们。"保罗叔叔答应着他们,"但还有一个问题,喻儿知道的,暴风雨那天,雷击倒了一棵大松树,这是多么可怕呀!那么它会不会击倒其他的东西呢? 在这里,我们得平心静气地研究一下雷带给我们的危险。我们得首先记着,雷是要击地面上最凸出的地方,因为在乌云中的电的吸引之下,与它电性相反的地上的电便在那高凸处集中得最多,预备着与吸它的电合并。"

"两种想要重逢的电一定会排除万难来相会的。"克莱儿说,她把一切事实都记得很牢。

"在地上的电竭力想到云里去相会,便升到一棵高树的顶上,而在云里的电则又向着树赶下来。于是,两种互相吸引的电不再太太平平地相会,而是各自直冲过来,发出强烈的电光和霹雳声。那火带便不得不到树上来了。叔叔,是这样讲的吗?"

"我的好孩子,你讲得很对,我讲起来也不过如此。那就是许多高高的房子、塔、峭壁、大树最容易着天火的原因。在旷野里遇到暴风雨时,到一棵树下,特别是到一棵高而孤立的树下面去躲雨,是最危险的。倘若雷在附近坠地,很容易落到那树上,因为那树是一个高凸点,使得地下的电都积聚在这上面,很容易被云中的电所吸引。每年都有许多起人被雷击死的事情发生,大部分都是因为他们自己不小心,找一棵高大的树来避雨。"

"叔叔,倘若暴风雨的那天,你不知道这些事情,"喻儿说,"听了我的话,躲到了那棵高大的松树下,那么我们那天一定被击死了。"

"不过我们没有待在那棵树下避雨,因为我有这方面的知识,所以你们得牢记着:在暴风雨来临的时候,躲在高墙、峭壁,特别是高大而孤零零的树下面,是非常危险的。至于其他的预防方法,譬如不要乱跑以免扰动空气起猛烈的变化,关闭窗户以阻碍空气的流通等,都是毫无价值的,雷的行进路线是一点儿不受空气流动影响的。铁道上疾驶的火车,它扰动空气非常强烈,反而比静止着的物体不易触到电。日常的经验便是证明。"

"当雷响时，"爱密儿说，"恩妈总是急急忙忙地把窗户关起来。"

"恩妈和别的许多人一样，她以为眼睛看不见危险便安全了。人们把自己关在屋子里，听不见霹雳，看不见闪电，但那样并不曾减少丝毫危险。"

"那么便没有可取的预防方法了吗?"喻儿问。

"在一般情形之下，的确没有，除非是这样：听从大自然的安排。

"要保护房屋，我们可以用一根避雷针，这是富兰克林的天才发明。那避雷针是一根长而尖的硬铁丝，大多装在屋子的顶上。这根铁丝下端接着另一根铁丝，这根铁丝沿着房子蜿蜒下来，一路用钉子钉住，伸入潮湿的地下，或者最好把它埋在深的水井下面。倘若雷落下来，它便打在避雷针上，这是离云最近的东西，也是最适合电流通过的东西，因为它是金属。此外，它的尖头也特别奏效。雷打在避雷针上，避雷针立刻把它引下去，散布到地下深处，不会造成什么伤害。"

三十九、雷的影响

"凡是不能让电自由流通的物体,雷都要颠覆它、打倒它、毁灭它。雷能把岩石击得粉碎,使石块飞到很远的地方;雷能掀去我们的屋顶,劈开树干,把树木击成片状;雷能把墙垣击倒,甚至把墙垣的地基也击翻了。那些能使电流自由通过的金属,如铁链、钟的铁线、框架的金属,雷都能把它们烧红、熔化,甚至蒸发了。总之,雷最先着眼的便是金属做的东西。有闪电把人身上的各种金属物,如金链、金属纽扣和金币等,都毁坏或夺去,而人却毫发无伤。堆着的易燃的东西,如稻草饲料捆,雷能很轻易地使它烧起来。

"一粒很弱的电火,如我前面告诉过你们的,从纸上得来的电,只能在我们身上起一阵极轻微的感觉,最多也不过使我们在接触它的时候,感到有一点儿刺痛而已。但用科学方法,在强有力的机器之下产生出来的电的震撼却变得危险了,甚至能使人丧命。当人们被较强的电击中时,特别是关节部分会感到一阵猛烈的打击,以致全身抖动、腿膝瘫软。被更强烈的电击中时,关节部分便非常痛苦,科学方法所产生的电具有足以杀掉一头牛的力量。

"雷所具有的电力比我们发电机所具有的不知要强多少倍,它可以使人和动物受到异常猛烈的打击;它能把人和动物击倒、灼伤,甚至立刻杀死。有时,受到这样打击的人,身上有着或多或少的火烧痕迹,但也有一点儿痕迹也看不见的。因此,被电击而死的人并不一定有伤,这是因为身体上受到突然而猛烈的震撼才死的。有时,这种死只是暂时的,因为电只停止了人身上主要的活动机能——血液的循环和呼吸。这样的状态如果延长下去,人便会死掉。我们可用对待溺死者的办法来救他,就是用人工呼吸或压迫胸口的呼吸运动使之复活。有时电击只能麻痹身体的一部分,或者只是一时失去知觉,不久便会自愈。"

四十、云

清晨，保罗叔叔为了结束雷电的话题，便讲起了云。很凑巧，在天的一边，白云堆得像一座棉花山。

"你们还记得吧，"他开始说，"在潮湿的秋冬季节的早晨，雾组成了一块灰白色的烟幕，盖着大地，遮住了太阳，在我们面前几步远便看不清东西了。"

"是的，空气里好像有一种极细微的水滴浮着。"克莱儿说，"我和爱密儿曾经在这种潮湿的烟里玩捉迷藏。在几步内，我们竟互相看不见对方。"

"对了，"保罗叔叔又讲起来，"云和雾，其实是一种东西，只不过雾是布在我们之间，现出它的原形是什么，它灰白、潮湿、寒凉；云则是在我们之上，远远地现出多种样子来。有的云白得耀眼，譬如那边的就是；有的看来是红色或金色，像火一般；有的颜色呈灰色；更有一些是乌黑的。云的颜色也时时变化。在夕阳时分，你们可以看到一种云，开始是白色的，后来变成红色，像一堆琥珀，或者像一方金黄色的湖泊，随着射在上面的太阳光逐渐减少，慢慢地变得暗淡，变成灰色或黑色。所有这些都是由于太阳的光照。事实上，外观无论如何华丽的云都是潮湿的水蒸气如雾般的东西做成的。我们靠近了云，便知道了。"

"人们能够升得像云一样高吗？"爱密儿问。

"自然可以，只需两条强壮的腿，能够爬到山顶上去。那时云便在我们的脚下了。"

"那么你曾经看见过云在你脚下面吗？"

"看见过的。"

"那一定很好看吧！"

"非常好看,好看得无法形容,但云上来包围你时,却不是一桩愉快的事。昏暗的雾会使得你们大感困苦。你们将会迷路,会被弄得昏头昏脑;在最危险的地方,临到深不见底的渊谷,都看不见面前的危险;你们看不见方向,无法避免不走入歧途。不,不,在云雾中,并不是一切都是快乐的。这些,你们得记着,将来也许会对你们十分有益。现在,我们且来幻想着,游览这种盖着云的山。假使环境很好,那么我们看见的一切便会是这样:

"在我们头顶上是完全清爽的、一无异样的天,阳光照射到我们的脚下,差不多是在平原上,白云四布,风吹着它们,把它们赶到山顶上来。它们在那里沿着山边飘浮,人们会以为是一堆棉花,被看不见的手沿着斜坡推上来。阳光时常射入云的深处,照得它们发出金黄和火焰般的光彩。它比起夕阳时的晚霞并不逊色,颜色多么光亮,样子多么柔软啊!它们愈升愈高,现在它们滚滚地像一条光亮的带子环绕着山顶,把平原都遮得看不见了,只有我们现在想象着站立的地方,孤立在云幕之上,像是海中的一个小岛。到后来,这个地位也保不住了,我们已被包围在云的中心。柔和的色彩,软软的轮廓,触目的风景——都看不见了。现在只有一片昏暗的雾、阴冷的湿气,使人大感不快。哎哟,风快些来,把这些讨厌的云吹走呀!

"我的小朋友,人们都想着要到云端里去,那云在远处看时甚为美丽,待到走近时什么也没有,只不过是一些沉闷的雾。云的景色应该从远处去领略。当我们因好奇要仔细观察某种现象时,便会发觉它的欺骗,它华丽的外表掩饰了它的庐山真面目。云的幻变,只不过是一种形状、一种光的幻象,但在这个幻象中,却隐藏着雨的水槽,地球繁荣的源泉。

"云的高度是参差不齐的,并且一般没有我们所想象的那么高。有的云懒懒地沿着地面爬,这叫作雾;有的云紧挨在不十分高的山坡上;更有一些是冠盖着山巅的,它们所在的地方一般有 500~1500 米的高度,在特殊的情形下,有时可升到 16 千米外的高度。在这以外的天,永远是晴朗的。

"有一种叫作'卷云'的云,看起来像一层轻轻的软羊毛,有时像是洁白的乱丝。它们是一切云中最高的云,通常约高 4 千米。卷云有时小而圆,紧挨着聚得很多,以至于看起来像是一群羊的背,这叫'鳞斑云',往往是天气变化的预兆。

"在夏季,有一种大白云,有着圆的边,好像棉花和羊毛堆成的大山,这种云叫'积云'。它们的出现往往是暴风雨的来临预言。"

"靠近山边的云是积云吗?"喻儿问,"它们看起来像是一大堆棉花。它们会带来暴风雨吗?"

"我想不会。风正吹向别的方向,暴风雨大概在该处附近发生。那边!你们听!"

突然来了一道闪电,那是从一堆积云里发出来的。很长一段时间之后,他们听到了雷声,远远的,很微弱。喻儿和爱密儿立刻提出问题:"为什么那边下雨而这里不下?为什么雷声在闪电之后才听到?为什么……"

"我就要讲到这些了,"保罗叔叔说,"但我们必须先弄明白其他云的形状。还有一种云像一条不整齐的带,一层层地布在日出与日落的地平线上。在日光微弱的天际,特别是在秋季,呈熔化的金属色与火焰般颜色的云便是这种云。风雨往往会跟着早晨的红云一同到来。

"最后,有一种灰色的乌云,堆得密密的,分辨不出云块来。这种云叫作'雨云'。雨云一般都变成雨。从远处看来,雨云很像一条条宽条纹,成一条直线从天接到地。它们都是所谓的雨脚。

"现在轮到爱密儿问了。"

四十一、声速

　　"在那边的一堆大白云,你叫作'积云'的里头,"爱密儿说,"现在正有着暴风雨。我们刚才还看见闪电,听见雷声,而在这里天气却很晴朗,所以不是每个地方都会同时下雨的。当雨在别的地方下着时,我们这里的天气却很好;但是这里下雨的时候,天一定是布满乌云的。"

　　"你只要把手盖在眼睛上,便看不见天了,"他的叔叔解释说,"一堆很近的云和很大的云都有同样的效果:它能把围着我们的天都遮起来,好像满天都盖上了云一样,但这是表面的,在云所盖以外的天依旧是晴朗的。在那边雷声隆隆的积云之下,你自然知道一定是在下雨,而且天看起来是乌黑的。那个地方的人们看来,四周的情景都是雨天的景象,因为他们都被包围在这片云下面;倘若他们跑出那片云之外,那么他们看见的天也和我们这里所见的一样,是很晴朗的。"

　　"那么他们可以骑一匹很快的马,"爱密儿提议说,"走出那片云,离开下雨的地方。"

　　"有时候,这样的情况是可能的,但不可能的时候居多,因为云能遮盖很大的一片地面。此外,那云也是要跑的,它们从一处向另一处跑,跑得非常迅速,甚至最好的骑师都赶不上。你们都看见过云被风吹时的影子掠过地面。它盖着高山、峡谷、平原,不需一刻钟就跨过去了。在你刚爬到山顶上时,一朵云的影子已经掠过了你。你离开了山头向山下刚走不上三步,那影子好像生着巨大的腿脚似的,大踏步跨过对面的山坡了。谁能够紧跟着云飞跑,永远在它的覆盖之下呢?

　　"有时下雨的区域很大,但绝不是全世界普遍下雨。假使一省之内在一个时候下雨,那么和全地球比起来是怎样呢?是一个小泥块和一大块田地的比较!云被风吹着,在大气层中,这边那边地跑着。它们一路奔着,一路撒下影子,或者下雨。它们无论跑到哪里都会下雨吗?不是的。在同一个地方,会同时又晴又雨的。你们知道,在山顶上时,云往往在山顶下面。在云下面的平原上可能会有一阵大雨,而在山顶上,太阳挂得高高的,没有一滴雨。"

"那些是很容易懂的,"喻儿说,"叔叔,现在要轮到我来问你了。从我们这里看云,先看见一阵闪电,要等一段时间以后才能听到雷声。为什么雷声和闪电不一块儿来呢?"

"下雨时会产生两种现象:闪电和打雷。闪电是光,打雷是声。放枪的情形也是一样,在火药爆炸时先看见光,然后听到声音。爆炸时,光与声是同时发生的,但对于远处的人来说,却是光比声音先到。这是因为光跑的速度是非常快的,而声音则动作较慢。假使你在很远的地方观看放枪,你一定先看见火药爆炸时的光和烟,过一会儿才听见声音。放枪的地方愈远,听到声音前的时间愈长。光跑过一个很远的距离,一瞬间便可到达,所以火药的光一发生,远处就可以看见。声音不能马上到的原因是因为它跑得比较慢,要经过很长的距离,必须费许多时间,那是很容易量出来的。

"假定从看见一座大炮轰炸时的火光到听见声音的时间是 10 秒钟,从轰炸的地方到听见声音的地方的距离是 3400 米,那么声音在空中的传播速度就是每秒钟 340 米。这是一个很快的速度,可以和炮弹相比,但是和光速相比,真是差得太远了。

"声与光不相等的速度从下面这个事实中也可以看出来。远处有一个樵夫在伐木,或者是一个石工在开石。我们看见斧头砍在树上,鹤嘴锄击在石上,但叮叮的声音需等一些时候才能听见。"

"一个星期日,我在离教堂很远的地方观望撞钟。我看见钟已打了,而声音不跟着来,现在我才明白其中的道理。"喻儿插嘴说。

"在看见闪电以后等待听见雷声,其间所费的时间,倘若你们能准确地数出秒数来,那么你们就能够说出那暴风雨的云离我们有多远了。"

"1 秒的时间很长吗?"爱密儿问。

"1 秒约是我们脉搏跳动一次所用的时间。要得到秒数,只需 1,2,3,4……地数下去,不要太快,也不要太慢。那积云里的闪电一闪,便开始慢慢地数起来,一直数到雷声听到时为止。"

大家凝神竖耳地观察起来。后来看见了一次闪电,他们数起来,1——2——3——4——5……数到12时,雷声听见了,但是非常微弱,仅仅能听到而已。

"雷声走了12秒钟,才走到我们这里。"保罗叔叔说,"倘若声音每秒钟跑340米,那么雷是从多远的地方来的呢?"

"那只需把340乘12便得了。"克莱儿答。

"不错,姑娘你算吧。"

克莱儿算了。答案是4080米。

"闪电的光离我们有4080米,那么我们离暴风雨的云有4千米多一点儿的样子。"她的叔叔说。

"多么容易啊!"爱密儿叫起来,"你数着1,2,3,4,动也不动就已经知道刚才远处的雷响有多远了。"

"闪电与雷声相距的时间愈长,那云便愈远。当闪电和雷声同时来时,那么这个雷的产生一定非常近了。这点喻儿很清楚。那天我们在松树林里,已见过一次暴风雨了。"

"我听说,闪电过了以后,便没有危险了。"克莱儿说。

"是的,闪光过后,一切危险都过去了!那雷声无论响得多么厉害,是没有危险的。"

四十二、冷水瓶的实验

昨天晚上，保罗叔叔已经很正确地说明了云不是别的东西，它就是雾，不过不是满布在地面上，而是在空中，但他还没有说明雾是什么东西做的和怎样做成的。因此，过了一天他便继续讲云的问题。

"恩妈把刚洗好的衣服挂在绳上晒，她为什么要这样做呢？原来是要使布干燥，要把刚才浸透了衣服的水赶跑。你们知道这些水分后来怎样了呢？"

"我知道，它不见了，"喻儿答，"但后来怎样了，我觉得很难看出。"

"这些水蒸发到空气里了，变成了和空气一样看不见的东西。当你在弄湿一堆沙子时，那水渗过去不见了。这时，沙的情形发生了变化：沙子在这以前是干的，后来变得潮湿了。水遇到沙子，沙子便把水吸收了。空气也是一样，它从布上把水分吸收了，自己变得潮湿。像这样消失在空气中的水叫'水蒸气'，是一种气体。水的状态发生了变化，称为'蒸发'。我们说把布上的水晒干，其实就是水蒸发了，进入空气中，变成了看不见的水蒸气，那水蒸气在风的意志之下，向各个方向运动。天气愈热，蒸发愈快愈多。你们没有看见吗，在炎热的太阳之下，一块潮湿的手帕不是很快就干了吗？而天上布满云和天气寒冷时，那潮湿便很难消除。"

"恩妈洗衣服那天，要是天气很好，她就很高兴。"克莱儿说。

"你们也该记得，我们花园里洒了水以后，情形是怎样的。在一个大热天的黄昏，当我们给那可怜的渴得要死的花草们浇水时，像这样的事便来了：抽水机抽得很急，你们都拿了喷壶，赶东赶西地给渴着的花草、苗床和盆花洒水。不一会儿，整个花园里的花草便喝得饱饱的了。被热枯萎的花草重新恢复了活力，直挺挺地立着，像以前那样快乐。但第二天泥土又干了,一切都得重新再来。那么昨晚上的水跑到哪里去了呢?它已经被蒸发,跑到空气中了,现在也许已经跑得很远,升得很高,到后来变成了一片云,再变成雨落下来。当喻儿打开抽水机,浇花浇得很疲倦时,他哪里会想到,从井中抽出来的水洒在地上,迟早会跑到无穷尽的空气中呢,在形成云的过程中,喻儿恰好尽了一份力。"

"在浇花园时,"喻儿说,"我一点儿没有想到,原来我不是在浇别的,而是在浇空气。但我现在知道了,空气是一位水的大食客,一壶水,花草也许只能饮一杯,空气把其余的都饮了。那就是我们之所以天天这样做的原因了。"

"那么,倘若你把一盆水放在太阳下,它后来便会怎样呢?"

"这话我来回答。"爱密儿赶忙说,"水便一点儿一点儿地变成看不见的水蒸气,到后来只剩一只空盆了。"

"一盆水、一块泥土和一条湿布中的水的蒸发还是小的,假使像这样大规模的水——像全地球那么大的规模——蒸发起来,那么会形成怎样一种情形呢? 空气接触着潮湿的泥土,还有无数的水地、湖泊、沼泽、溪流、江河、沟渠,此外还有海洋。海洋的面积要比陆地大 3 倍。空气——即喻儿所说的水的大食客——因此一定喝得很饱,并且到处都充满着潮湿,潮湿的多或少要看热的程度如何。

"现在围着我们四周的空气是看不见的,眼睛也分辨不出什么东西来,虽然如此,其中所含的水却有方法可以测出来。方法很简单,只需把空气弄得凉一点儿便行了。当你压一块湿的海绵时,水便从里面流出来。阴凉对于空气的作用也和手加在海绵上的压力是一样的,阴凉使潮湿的空气中的水蒸气凝结成细小的水滴。倘若克莱儿高兴到抽水机那里去,取一瓶很凉的水来,我便可以把这个实验做给你们看。"

克莱儿到厨房里取了一瓶最冷的水。她叔叔拿着瓶,用手帕很小心地把瓶外壁擦干,放在一只擦得同样干的碟子里。

现在那瓶看起来很透明,渐渐地,瓶的表面覆了一层雾一样的东西,瓶不再透明,随后微细的小水滴出现了,从瓶的四周滚下来,落在碟子里,仅一刻钟,水已有一个针箍般深了。

"这是很显然的,"保罗叔叔说明着,"瓶外四周滚下来的水珠并不是从瓶里面渗出来的,因为水是透不过玻璃的。它们是从四周的空气里来的。那些空气碰到瓶子时,空气中的水蒸气便冷却而凝聚成水滴。倘若水瓶里的水更冷一点儿,或是装满了冰,那么水滴的凝聚一定来得更多。"

"这冷水瓶使我想起了另外一件类似的事情,"克莱儿说,"当我把一只完全干燥的玻璃杯装满了很冷的水后,杯的四周立刻模糊起来,好像洗得不干净一样。"

"那也是四周空气中的水蒸气凝聚在上面的缘故。"

"空气中的水蒸气是不是很多呢?"喻儿问。

"空气中肉眼看不见的水蒸气是非常稀薄的,要凝聚成很少量的水,需要很多的空气。在大热天时,空气中所含的水蒸气最多,但也要六万升空气中的水蒸气才能凝聚成一升水。"

"那是很少的。"喻儿说。

"倘若人们想到了空气的巨大的体积,那便很多了。"他的叔叔答道,接着又说:

"冷水瓶的实验告诉我们两件事:第一,空气中有着肉眼看不见的水蒸气;第二,这种水蒸气遇冷便能看得见,变成雾,再变成水滴。这种从看不见的水蒸气到看得见的水蒸气(或称为雾),再成为水,其间的循环叫作'凝结'。晚上,我们还要继续讲下去。"

四十三、雨

　　"今天早晨所讲的就是形成云的道理。在一切潮湿的泥土上和水面上,如湖泊、池塘、沼泽、溪流,还有海洋等,都发生着持续不断的蒸发。蒸发成的水蒸气向空中上升,热度很高时,水蒸气便看不见。但热度要随着高度的增加而递减,所以到后来,水蒸气再也不能维持其完全溶解在空气中的状态了,于是它便凝结成看得见的水汽,成为雾或云。

　　"当云雾在大气的上层遇冷,达到某种程度时,它便能变成小水滴,以雨的形式落下来。开始时很小,后来与别的同样大小的水滴结合起来,便变成大水滴。到达地面的雨点,其大小与它的高度成正比例。当雨滴从空中落到地面上时,它的体积刚好是地面上一切物体所能承受得住的。倘若雨滴太大了,它便会重重地打到它所要灌溉的草木身上,将它们打倒在地,打死了。倘若水蒸气的凝结不是渐渐地凝结而成,而是突然凝结成的,那么将有怎样的情形发生呢?假如是这样,那么天上便不会有雨滴下来,而是很大的水柱,在掉下时会损害我们的庄稼,甚至房屋,破坏性很大。但下雨并不采取这种狂暴的形式,而是一滴滴地落下来,好像预先在它经过的路上放着一只筛子,把它细细地分开,以减弱它下落的力量。有些时候,不过极少,雨真的会变成另一种怪异的样子,好像专门来恐吓无知无识的人们似的。当天下血或硫黄时,谁不害怕呢?"

　　"叔叔,你说什么?"爱密儿插嘴说,"天会下血和硫黄吗?我一定会给吓死的。"

　　"我也害怕。"克莱儿说。

　　"那是真的吗?"喻儿问,这时轮到他了。

　　"是真的。你们要知道,我只告诉你们真实的故事。世界上确实有下血和下硫黄的,至少是与血和硫黄相似的东西。情形是这样的:雨点落到墙垣、道路、树叶和过路人的衣服上，都呈现出像血一般殷红的斑点。有时候，一种细微的尘埃，呈黄色，像硫黄那样，会夹在雨中从天上落下来。天真的会下血和硫黄吗？不是的。这种惹起人们无谓的恐惧的血雨和硫黄雨都是普通的雨，不过其中夹杂着各种细微的粉末，这些粉末是风从地上刮起来的。在春天，当山地的大杉木林盛开着花朵时，每一阵风都能刮起一种黄色的粉末，这种粉末都生在杉树的小花里。在各种花朵中，特别是百合花中，你们都可见到同样的粉末。"

"倘使你闻百合花时靠得太近，那种细微的粉末会把你的鼻子涂得一塌糊涂。"喻儿说。

"一点儿不错。它叫作'花粉'。它在远处落下时，有时是单独落下，有时则是和雨一起落下。一阵风从林中把花粉吹起来，就弄成了所谓的硫黄雨。"

"这样说来，血雨和硫黄雨是没有什么可怕的了。"克莱儿说。

"当然没有什么可怕的，但人们看见了这毫无害处的夹着花粉和粉尘的雨，却吓得要命。他们以为这是灾祸，是世界末日的预兆。我的好孩子，无知是一件最可怜的事情，而知识，即使只用它来解救我们无知的恐惧，也是一件很好的事情。"

"在将来，"喻儿很勇敢地说，"倘使天再下起血雨或硫黄雨，人们害怕，我是一点儿也不害怕了。"

"天空中有时能够单独地或夹在雨中落下各种东西，如沙和矿石粉等。有时甚至落下小动物，如毛虫、飞虫和很幼小的虾等。这些稀奇的雨，我们只需记着：一阵强烈的风能够把它一路遇到的轻微的东西都卷起来，并且能够把它们带到很远的地方才落下。

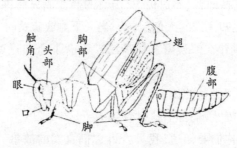

蝗虫

　　"有时候,天上落飞虫,并非一定是被风运来的。譬如,有一种蚱蜢——蝗虫,当食物缺乏的时候,便成千成万地聚起来,飞到另外的地方去。这种移动的飞虫群好像受什么东西的指引,飞过空中,遮天蔽日。这样大队地经过,甚至终日不绝,数目真是多得不可胜数。那群贪嘴的东西降下来停在植物上,好像是一个移动的暴风雨,只需几分钟,那地方的树叶、禾谷、草原都被吃得精光,好像被火烧过一样,寸草不留。阿尔及利亚(Algeria,在非洲之北)曾因此而饿死了不少人。

　　"火山会形成灰雨。所谓'火山灰',就是一种火山在爆发时喷出的灰烬。这些灰质的东西能形成很大的云,能把白天变成黑夜,当它落下来时,能够淹没动物和草木,使之在灰雨之下闷死。"

四十四、火山

"叔叔,时候还不晚,"喻儿说,"你得把那种可怕的火山,把那种下灰雨的火山告诉我们。"

提到"火山"两个字,早已准备睡的爱密儿把眼睛揉了揉,来了精神,他也要听那个故事。他们的叔叔这次和平常一样,答应了他们的请求。

"火山就是一个大山,能够喷出黑烟、灰烬、红热的石头和熔岩。山顶有一个大窟窿,形状像一个漏斗,我们把它叫作喷火口,有些火山的喷火口的直径有十几里。喷火口的底下通着一个弯曲的、深不可测的导管或烟囱。欧洲的主要火山是意大利那波尔附近的维苏维埃火山、西西里岛上的爱特那火山、冰岛的海克拉火山。火山大都熄着,有时会喷出一缕烟,但那山时时(其间相隔的时间很长)会咕噜噜地震动,吐出许多可怕的、燃烧着的物质。这时就是所谓的火山爆发。我选欧洲火山中最出名的维苏维埃火山,把它喷发时的最稀奇的现象告诉你们。

维苏维埃火山

"当天气晴朗时,火山口里直冒着烟柱,笔直地向着天空上升,约有1.5千米高,这样的情形大都是火山要喷发的预兆。这上升中的黑烟形成了一张毡毯,阻挡着太阳的光线。在喷发的前几天,那烟柱沉下火山来,盖着它像是一片大黑云。其后,维苏维埃火山周围的地皮都震荡起来,地下隆隆的轰炸声也能听到了,逐渐轰响起来,到后来剧烈得比最厉害的雷声还要猛烈。你们听见了,一定会以为有无数的大炮在山的周围不断地轰响。

"忽然之间,喷火口里喷出一片火焰,高至2000米或3000米。浮在火山顶上的云都被火光映红了,天空好像着了火。数千万的火花像闪电似的射向了天空,形成许多大的圆屋顶,一路上光芒四射,然后像一阵火雨一样向着火山的斜坡上落去。这些火花在远处看来是很小的,其实都是红热的石块,有时这种石块的体积有好几立方米,在落下时其势之猛足以击塌最坚固的建筑。有什么人造机器能把这样大的石块喷射得如此高呢?把人力集合起来也不能抛出这么高,火山却能一个接一个地抛个不停,好像是在玩。维苏维埃火山喷射这种红热的石块能持续几个星期乃至几个月,数目多得像铁匠铺子里打铁时发出来的火花。"

"这真是又可怕又好看。"喻儿说,"哎哟!我真喜欢看火山的喷发,但当然是要站得很远。"

"那么住在山上的人怎么办呢?"爱密儿问。

"那时,他们应该远离火山,不然他们便会被烟闷死,或者被红热的石雨砸死。

"同时,熔岩从地心底下经过火山的烟囱上升,在喷火口内涌出,形成一片火湖。在平原上望着的人们,焦急地看着爆发的进程,浮在上层空气中的烟层反射着熔岩射出的亮光,预报着熔岩的洪流快要到来了。从地下涌出来的岩浆把喷火口盛满了,于是地皮突然震动,爆发出一阵巨响,熔岩便像洪流一样涌了出来。那恐怖的洪流是由光亮耀眼的、像糨糊一样的物质(与金属的熔液相同)组成的,它涌动着,横冲直撞。人们可以在它到来之前逃跑,但不会动的东西便都遭殃了。树木一碰到它便燃烧起来,变成了焦炭;最厚的墙垣都一烧即倒;最坚硬的石头都给烧红了,烧化了。

"熔岩的洪流是迟早要停止的。随后地下的水蒸气从流质的巨大压力之下释放出来,它高兴极了,有些疯狂,它盘旋着,时时还不忘火云中的灰尘伙伴。最后,灰尘落下来,落到了附近的平原上,甚至随风落到了千里以外。可怕的火山平静下来了,它累了,睡着了。"

"倘若临近火山的地方有市镇,那些岩浆的河也会流进去吗？那些烟云会把它们埋葬吗？"喻儿问。

"唉,不幸得很,所有这些都是肯定的,而且已经发生过了。明天我再来告诉你们,现在已是上床睡觉的时候了。"

四十五、加塔尼亚城的惨剧

"昨天，"保罗叔叔今天继续讲，"喻儿问我，岩浆会不会流到火山附近的市镇里去。下面的一个故事可以回答这个问题。这是一个关于爱特那火山爆发的故事。"

"爱特那火山？是不是在那株'百马大栗树'所在的西西里岛上？"克莱儿问。

"是的，我要告诉你们，在 200 年之前，西西里发生了一次历史上最恐怖的火山爆发。深夜，一阵猛烈的大风暴过后，地面震动得异常猛烈，以致许多房屋都被震倒了。树木被大风摇撼着，摆动得像一根芦苇；人们发狂似的向乡间逃去，以免房屋倾倒时被压死，但他们都在震动的地面上跌倒了。这时，爱特那裂开了一条约 17 千米长的裂缝，在阵阵的巨响声中，火红的岩浆一涌而出，大火四起，黑烟滚滚。其中有 7 个口立刻连成一个大深渊，不断地震响着、燃烧着，喷射着灰烬与岩浆，长达 4 个月之久。爱特那的喷火口在开始时是完全静止的，好像和那新的火山口一点儿没有关系似的。几天之后，它醒过来了，喷出一柱高得可怕的火烟。随后，整个山都震动了，搪在火山口四周的像帽子形的岩石都跌进火山口里。次日，有四个大胆的山民爬上了爱特那。他们看见那喷火口因前一天塌下去的边缘而加大了，口径原来只有 4 千米，现在成 8 千米了！

"同时，汹涌的熔岩从山的各个罅隙里流向平原，毁坏着房屋、森林和谷物。离火山数千米外的海岸上是加塔尼亚城，这是一个大城镇，四面围着坚固的墙垣。火河到达加塔尼亚城时，吞没了许多的村庄。它好像要显示本领给惊恐的加塔尼亚人看似的，把一座小山移动了，向前搬了相当长一段距离；它把一块葡萄田整块地举起来，一直到那青青的葡萄都烧成了焦炭,不见了;最后,可怕的火河流到了一个深阔的山谷里。加塔尼亚人此时以为他们得救了:毫无疑问,火山一定无力把大山谷流满。但是他们错了！只有短短的 6 个小时,那山谷满了,溢出来的熔岩直向市镇奔去,形成一条大河,有 4 千米宽、10 米高。倘若不是遇到最幸运的机会,来了另一条巨流,从侧面斜冲过来,冲击着那火河,转变了它的方向,那么这条火河就会把加塔尼亚全城吞没。转了弯的火河,在一刹那之间,把加塔尼亚的郊外淹没了,进入海里去了。"

"我很为那些可怜的加塔尼亚人担忧,"爱密儿插嘴说,"我听你说那高得像房子的火墙一直向市镇冲去。"

"事情还没有结束呢,"他的叔叔继续说,"我告诉你的那条火河到海里去了。接着,火与水发生了激烈的战争。熔岩的头有 1500 米宽,12 米高。那垛火墙继续向前没入浪中,水和它接触,立刻升起巨大的水汽,带着可怕的、嘶嘶的沸腾声,把天都遮黑了,下了一阵咸雨。短短几天,熔岩把海岸线向海中推进了 300 米。

"虽然这样,加塔尼亚城还依然危机重重。那火河合并了新的支流,一天天地高涨起来,冲向了市镇。城墙上,恐慌的居民看着,但无法阻挡。最后,熔岩到达城下了。火河涨得很缓慢,但一刻不停地涨着,一点儿一点儿地高涨起来。它触及了城墙的顶,这城墙经不起压力,倒塌了40 米长,火河冲进了城。"

"啊呀！"克莱儿叫出声来,"那些可怜的百姓都遭殃了！"

"不。遭殃的倒不是那些百姓,因为熔岩很黏稠,行进得很慢,人们可以及时留心着,最危险的还是那城自身。城里被熔岩所侵占的部分是地势最高的,因为从那里,火河可以向四处分布开去。这样看来,加塔尼亚城的命运大概是指定要全部毁灭了,但后来被几个勇敢的人拯救了,他们要和火山战斗。他们想筑一垛石墙,横在火河要经过的路上,这样便能改变它行进的方向。这方法只成功了一部分,以下的方法才是最有效的:岩浆的河凝聚成许多大石块,形成一种硬的外壳——一条运河,把自身约束在内。在这约束之下,熔岩保持着它的流动,继续它吞噬的行程。于是他们想,假使在一个适当的地点,把这些天然筑成的沟河凿开,这样便能给熔岩开一条横过乡野的新路线,改变它向城里行进的方向。有 100 多个勇敢的人跑到离火山不远的地方——火河的上游,用铁锤开凿河岸。这地方热得很,每个人最多只能打两三下,便要退下去休息透气。虽然如此,他们还是在那坚硬的石岸上凿开了一个裂口,岩浆便照着他们预见的那样,从这个缺口里流出去了。加塔尼亚城得救了,但还是受到了很大的损失,因为流进市镇的熔岩已经毁坏了 300 间民房、几座宫殿和几座教堂了。在加塔尼亚城之外,这次悲惨的灾难给方圆 20~25 千米的地域盖上了一层熔岩,有些地方甚至厚达 13 米,毁坏了 27000 人的家。"

"倘若没有这些勇敢的人们冒着被烧死的危险去给火河凿开一条新的路线,那么加塔尼亚城一定是完了。"喻儿说。

"加塔尼亚将被全部烧光,埋在熔岩之下,那是毫无疑问的。然而,三四个意志坚定的人唤醒了人们的勇气,他们希望上天会帮助他们,并且预备牺牲掉自己的生命,他们阻挡了这次可怕的灾祸。我的好孩子,在危险的时刻,我希望你们也能像那些勇敢的人们一样,运用知识与智慧,勇敢地面对一切。"

四十六、普林尼的故事

"为了要告诉你们一个火山所喷出来的灰烬能造成什么后果,我现在要讲一个很古老的故事给你们听,这古老的故事是由当时一个著名的作家留给我们的。这位著名作家叫普林尼,他的文章是用拉丁文写的,这是当时势力最大的一种文字。

"故事发生在公元 79 年,与耶稣同时代的人还活着的时候,欧洲意大利半岛上著名的维苏维埃火山还是座平静的山。当时这山并不像现在那样喷着一个圆锥形的烟柱,而是横在一大块微凹的平地上,这是一个塞住了的古火山口,长着野草和野紫葡萄藤。山的四周种满了谷物,山脚有两个出名的市镇,叫作汉克来能和庞贝。

"这个似乎永远安静的老火山,它最后一次的爆发还是在史前,它突然觉醒,开始喷起烟来。8 月 23 日下午 1 时,一朵时白时黑的非常大的云在维苏维埃山顶上游荡着。那云给地下的什么力量猛烈地压迫着,起先笔直地竖着,像是一棵树干;后来,达到很高的高度时,便因自身的重量而下沉了,散布开很大的面积。

"当时在维苏维埃火山不远的一个海口梅西那,住着作家的一个叔叔,他把这些事实留给了我们。他和他的侄儿一样,也姓普林尼。他吩咐罗马的战船停泊在这个海口。他是一个勇敢的人,对于任何危险从不退却,以便能得到一些新的知识,或者能给予别人帮助。普林尼惊骇地看到在维苏维埃山顶游荡着的一朵云,他马上率领他的战船出发,去援助被威胁着的沿海城市,同时可较近地观察那朵可怕的云。住在维苏维埃山脚下的百姓害怕得急忙逃跑了。他来到大家逃跑的方向,这方向的危险似乎最大。"

"妙极了!"喻儿叫道,"我们一定也会勇敢的,当我们和那些不害怕的人在一起的时候。我爱普林尼,因为他敢到火山那里去,要求知道危险的情形。我很希望那时我也在那里。"

"唉,我可怜的孩子呀!你不要把那当作是一次欢乐的郊游啊!火热的灰烬混合着烧成了灰的石头落到战船上;海也激怒了,翻涌着;海岸上堆积着山上掉落下来的碎片,渐渐无法接近。这时除了退却以外,没有别的事情可做。战船开回斯坦皮,这里虽然离火山已远,但仍随时有危险,已经引起当地居民的恐慌。同时,维苏维埃山顶的几处喷出很大的火焰,直奔天穹,气势十分嚣张。普林尼为了给同伴壮胆,告诉他们说,这些火焰是几个村庄被火烧着发出来的。"

"他那样告诉他们,是为了壮他们的胆量,但他自己总该知道事实的真相。"喻儿猜说。

"他是知道的,他知道危险很大,但因身体太疲乏了,他倒身睡着了。当他熟睡时,那云来到了斯坦皮。通向他卧房去的天井已塞满了灰烬,以致转瞬间他已不能爬出来了。人们推醒他,以免他被活埋,并且得以筹划应该怎么办。许多房屋左右摆动着,不断有倒塌的。大家决定再回到海上去。天空中下了一阵石雨——那是很小的石子,都已被火烧成灰烬了。人们的头上都顶着枕头,挡住石雨,高举着火把,穿过最可怕的黑暗,来到了海边。普林尼在这里坐下来,想要休息一会儿。忽然一阵猛烈的火焰夹着一股强烈的硫黄气冲上前来,每个人都逃跑了。他爬起来,然后又倒了下去,死了。火山里喷射出来的黑烟使他窒息了。"

"可怜的普林尼呀!就那样被可怕的火山窒息死了,而他是这样的勇敢呢!"喻儿伤心地说。

"当叔叔死在斯坦皮时,他的侄儿和妈妈一起留在梅西那,他把当时的情形告诉了我们。'在我叔叔离开后的那夜,'他告诉我们说,'地皮开始猛烈地震动起来。我的妈妈赶快起来叫醒我,但她看见我已经起来正要去唤醒她,房屋仿佛就要塌下来了,我们便在离海不远的广场上坐了下来。

'我那时 18 岁,孩子气还很盛,竟一点儿也不在意地读起书来。我叔叔的一个朋友跑来了。他看见我妈妈和我一起坐着,我的手里还拿着一本书,便责备我们太大意了,带着我们出去寻找安全的地方。

'虽然这时已是早晨 7 点钟了,我们还是看不清远处的东西,天色非常昏暗。房屋震荡得很厉害,任何时候都有倒塌的危险。我们学着其他人的样子,离开了城市。我们在离城相当远的乡下停留下来。

'载了东西的车子不断地随着大地的震动而摇荡。车轮虽然缚了石块,但仍是滚不稳。海潮退回去了,它被地震从海岸赶回去,从海滩上退下去,留下了许多鱼,干死在沙滩上。一朵可怕的黑云追上了我们。云的边缘镶着曲折如蛇的火线,像是巨大的闪电。云很快地降下来,遮盖了地面和海。于是我妈妈叫我赶快逃命,不要跟着她蹒跚的步履。倘若知道我躲开了危险,那么她死也甘心了。'"

"那么普林尼有没有为了要逃命而丢下他的妈妈呢?"喻儿问。

"没有,我的孩子,他做了你们都应该做的事情。他留下来,挽着妈妈,坚持要和他的妈妈一起走,不然就死在一起。"

"好极了!"喻儿说,"这侄儿正和他叔叔一样可敬。后来怎样呢?"

"后来可怕得很!灰烬开始掉下来了,黑暗笼罩着,伸手不见五指。那里一片哭声、乱窜声,百姓们都恐惧得发狂了,到处乱窜,在他们前面的人都被推倒踏过。大部分人都相信这是最后一夜了,永久的黑暗已吞噬了全世界。妈妈们寻找她们的孩子,孩子们已在人群中失散,也许已死在逃难人的脚下,她们悲惨地叫着孩子的名字,一直紧抱着他们而死。普林尼和他的老母亲远离嘈杂的人群坐着。他们不得不时时立起来拍去身上的灰烬,那些灰烬很快将要把他们埋葬了。最后,忽然云散日现。地面上已弄得不成样子,一切东西都看不见了,都覆盖在一层厚厚的灰烬之下。"

"那些屋子呢,它们都被灰烬埋葬了吗?"爱密儿问。

"在山脚下,那火山喷射出来的灰烬堆得比最高的墙壁还要高,全城都在灰烬堆下消失了,包括汉克来能和庞贝。火山把它们活生生地埋葬了。"

"百姓也给活埋了吗?"喻儿问。

"只有一小部分,大部分都和普林尼的妈妈一样,逃到梅西那去了。现在,汉克来能和庞贝被矿工们的鹤嘴锄挖掘出来,情形和它们被火山的灰云笼罩时一样。尚未清除掉的地方,还满盖着葡萄藤。"

"那么这些葡萄园是那些房子的屋顶了!"爱密儿说。

"比房子的顶还要高呢!"

四十七、沸水罐

孩子们的叔叔讲完以后,邮差送来一封信。原来是保罗叔叔的一个朋友邀他进城去做一件紧要的事情,他也愿意利用这个机会给他的侄儿们一个短程旅行的经历。他叫喻儿和爱密儿换上了星期日穿的新衣服,一同到邻近的小站上去等候火车。在车站里,保罗叔叔走到一个铁窗口,窗后坐着一个很忙碌的人,保罗叔叔从一个小格里递给这人一些钱,这人回头给了他三张纸片。保罗叔叔把这些纸片拿给一个守在一间屋子入口前的人,那人在纸片上用夹子扎了个洞,放他们进去了。

这里是候车室。爱密儿和喻儿眼睛睁得大大的,一言不发。不一会儿,他们听见蒸汽的嘶嘶声,火车到了。在一列火车之前,是一辆火车头,已经减慢了它的速度,以便能停下来。喻儿从候车室的窗里看见人们从他面前经过。他心中已给什么东西占据了:他想知道这个笨重的机器是怎样移动的,什么东西带动它的轮子,看来好像是一根铁梗。

他们上了火车,蒸汽嘶嘶地响起来,火车出发了。过了一刻钟之后,火车已开足了马力。"保罗叔叔,"爱密儿说,"看呀,火车怎样跑着跳着,呼呼地转着圈儿呀!"他的叔叔向他摇手示意,叫他不要说话。他这样有两层意思:第一,刚才爱密儿说了一句错误的傻话;第二,他不愿在公众面前夸夸其谈。此外,保罗叔叔在旅行时不喜欢多说话。

傍晚时分,这三个旅行者回来了,大家对这次行程都很高兴。保罗叔叔把他在城里的事务料理好了,爱密儿和喻儿各自带了一个问题回来,恩妈特地为这个星期日准备了一顿很丰盛的晚餐。饭后,喻儿第一个把他的问题说给叔叔听。

"在我今天所见的事物当中,"他开始说,"最打动我的,要算是火车前头的那个机器,那个拖着一长串车厢的火车头。他们是怎样使它移动的呢? 我看得很清楚,但是找不出原因来。它看来好像自己在走,像一匹在奔跑的野兽。"

"它并不是自己跑的,"他的叔叔答,"是蒸汽在推动它。我们且先来了解蒸汽是什么,它的力量又是什么。

"当我们把水放在火上时,它先受热,后来则沸腾了,冒出水蒸气,散布在空气里。倘若沸腾持续一段时间,罐子便空了,所有的水都消失了。"

"那是前天恩妈遇到的事情,"爱密儿插嘴说,"她正煮着几个番薯,因为懒得时时向锅里看,她后来去看时,已经一滴水也没有了,番薯已烧得半焦了,她不得不重新倒水煮,恩妈那天很不高兴。"

"因受了热,"保罗叔叔继续说,"水便变得看不见、摸不到,和空气一样。那就是所谓的水蒸气。"

"你已经告诉过我们,空气中的潮气、云与雾也是水蒸气。"这话是克莱儿说的。

"是的,那是水蒸气,但那种水蒸气是由太阳的热产生的。现在,你们要知道,热愈是强,水蒸气就愈多。倘若你把一只盛满水的罐子放在火上,猛烈的火所蒸出的水蒸气比炎夏烈日所能蒸出的要多得多。这样形成的水蒸气从罐子里逃出来以后,便一点儿也不会引人注意了。因此,一罐沸水的水蒸气从不能吸引你们的注意力。但如果把那罐子盖上,盖得非常紧密,密得没有丝毫空隙,这时大量聚集的水蒸气的力量便非常大了。它向各方面推着挤着,要打破阻挡它膨胀的障碍物。无论那罐子是怎样的坚固,结果都会被罐内蒸汽不可抵抗的力量所爆裂。那就是我将要用一个小瓶,而不用一个罐子,做给你们看的,那小瓶盖得并不紧,它的盖一定要很容易就能被蒸汽冲掉。此外,即使我有了一个很合适的罐子,我也不去用它,因为它会把屋子也炸掉,把我们都炸死的。"

保罗叔叔拿了一个玻璃瓶,装了一手指深的水,然后用一个木塞紧紧地把瓶口塞住,再用一条线把木塞缚住。他把这样预备好的玻璃瓶放在火前的灰里。随后,他拉着爱密儿、喻儿和克莱儿很快到了花园,远远地看着,这样就不怕被爆炸炸伤了。他们等了几分钟,听见"砰"的一声。他们赶去看时,只见玻璃瓶已碎,碎片到处都有,爆炸力大极了。

"爆炸的原因就是因为蒸汽,它因为无路可走,越积越多,压力也越来越大。当压力达到某种程度时,玻璃瓶便炸裂了。人们把蒸汽在罐子里抵抗的力量叫作压力。热力愈大,则压力也愈强。到了热量充足时,它会具有一股不可抵挡的力量,不但能够炸掉一个玻璃罐,并且能够炸掉最厚最硬的铁罐和紫铜罐,或者任何其他有顽强抵抗力的材料。我们是不是必须说,在那种情形之下的爆炸是很可怕的呢?罐子爆炸时飞出去的碎片,其力量之猛足以和一个爆炸的炸弹相比。一切首当其冲的东西都会被破坏或打倒。火药爆炸的可怕结果也不过如此。刚才我做实验用的玻璃瓶也不是没有危险的。这危险的试验会把你们的眼睛炸瞎,做时要十分小心。我不允许你们用一只盖得密不通气的玻璃瓶来热水,你们要知道这个玩意儿会把你们的眼睛炸瞎。倘若你们不听我的话,那么就休想再听我讲故事了。"

"不要急,叔叔,"喻儿急忙说,"我们决不重复这试验,它太危险了。"

"现在,你们该知道什么东西使火车头和别的许多机器转动了。就是说,机器里面装着一个坚固的紧密的汽锅,汽锅下面有一个火炉,火炉把锅中的水烧成蒸汽。这股蒸汽具有一股巨大的力,竭力想要跑掉。蒸汽用力压着一块东西,使之运动,这块东西再带动机器的其他部分,使整个机器工作起来,譬如火车头那样的东西。我们要记着,在每一个蒸汽机里,主要的东西,力的产生者就是一个汽锅,一个用来装沸水的密盖着的大罐子。"

四十八、火车头

保罗叔叔把下面的图指给他的侄儿们看,并且解释给他们听。

"这个图是一辆火车头。制造蒸汽的汽锅就是那圆筒形的烧沸水的罐子,是火车头最重要的组成部分,用钢板制成。在前面,汽锅接在一个烟囱管上,后面是一个火炉间,火炉的门是开着的。火夫时常把煤块装进火炉里去,他是用铁铲一铲铲地送进去的,他必须用大火烧热气锅里的水,以便得到大量的蒸汽。他再用一根铁条,穿着火,把它疏通着,使它能很快地燃烧起来。在炉子的末端,装着许多铜管,在汽锅的水中从一端通到另一端,连到烟囱那边。火炉里的火焰钻入这些管子里,这些管子被水包围着,用这个方法,火能很快到达水的中心,使之迅速地产生蒸汽。

"现在,你们看,紧靠着火车炉前头的下面有一个短圆筒,紧紧地靠着。这里有两个这样的圆筒,一个是在火车头右边,一个在左边。插在这圆筒内的是一个铁塞子,叫活塞。你们再看,在汽锅的大圆筒顶上,有

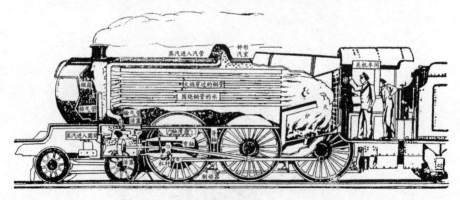

火车头的剖面

个钟形的帽子一样的东西,隆起着,这叫作'汽室'。开车的把气门一开,蒸汽便从钟形汽室进入一根通到短圆筒的管子里。他进了短圆筒之后的情形,如果看了下面的图,便能明白了。这是个蒸汽机的剖面图,也是火车头上短圆筒的放大剖面图。蒸汽从输气管里送进来以后,便冲入圆筒的左面,推动活塞向右边运动。活塞连在一根铁上,这根铁叫弯轴,弯轴连到飞轮上。蒸汽推活塞,活塞推弯轴,弯轴推飞轮,于是火车头便动了。现在再回到圆筒上来。那活塞从左被推到右,动了一动,同时连在弯轴上的还有一根杠杆,这根杠杆又连在活瓣上。弯轴一动,杠杆便把活瓣从右推到左,如蒸汽机剖面图的下图所示。活瓣是把左边蒸汽的进路关闭了,而开了中间那个让蒸汽逃出去的洞,同时把右边放开一个蒸汽的进路,让它进来,向左推动活塞。左边本来是有蒸汽的,后来因为它把活塞推向右边时,杠杆把活瓣推了过来,关住了进路,开放了出路,所以活塞再从右被推回来时,左边的蒸汽便能从洞里逃出去,不再推挤活塞。活塞被蒸汽推到左推到右地动着,连在活塞上的曲轴也不断地推着飞轮,于是火车便向前开动了。"

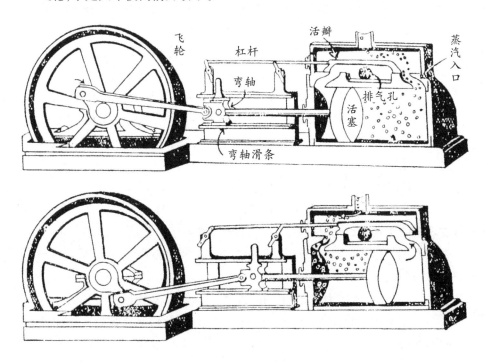

火车蒸汽机剖面图

　　"让我来背一遍,"喻儿说,"不知我是不是真正懂了。蒸汽从汽锅里出来,汽锅里不断地产生着蒸汽。蒸汽交替着从活塞前面和后面跑进圆筒里。当它来到前面时,在后面的蒸汽便逃到外面去,不再推挤了;当它来到后面时,前面的蒸汽便逃掉了。那活塞在圆筒中被蒸汽先这样推,后又不同地那样推,或进或退,或去或来,火车便向前开走了。

　　"活塞的样子是一块圆铁饼,中间装有一根铁棍,从圆筒一端所开的孔中穿出去,那孔的大小刚好能使铁棍通过,但不会使蒸汽泄漏。这根铁棍相连着的弯轴是活动的,好像我们手臂的关节那样,最后那弯轴连到飞轮上。在这几幅图上,所有的东西都能很容易地认出来。那活塞在圆筒内交替着进退,把弯轴推前又拉后,弯轴则使那巨大的飞轮转动。在火车头的另一面,第二个圆筒发生着同样的运动。于是那两个大飞轮同时转动起来,火车头便向前移动了。"

　　"这并不像我所想的那样难,"喻儿说,"蒸汽推活塞,活塞推弯轴,弯轴推飞轮,于是机器便动了。"

　　"蒸汽在推动活塞以后,便进入烟囱,因此你们可以看见那烟囱有时冒白烟,有时则冒黑烟。黑烟是从火炉通过在水中的管子出来的,白烟则是蒸汽每一次推动活塞时从圆筒中溜出来的。这些白烟在推动活塞以后,猛烈地从圆筒中冲到烟囱里,使得机器在工作时发出声音。"

　　"我知道的,这声音是'哄!哄!哄!'的。"爱密儿叫起来。

　　"火车头上要装许多煤来生火,还有许多水,用来补充汽锅里蒸发掉的水。这些东西都装在煤水车里,就是装在紧接在火车头后面的一辆车里。煤水车里有一个火夫,他是烧火炉的;还有一个司机,他是控制蒸汽进入圆筒的。"

　　"图上的人是司机吗?"爱密儿问。

　　"不错,他是司机。他手里握着气门的开关,他想开多快的速度,只要或多或少地从汽锅里把蒸汽放进圆筒里就行了。气门一关,蒸汽便不再进入圆筒里,机器便停止了!再一开时,蒸汽出来了,火车头便可随心所欲或快或慢地动了。

　　"一辆火车头的力量是很大的,虽然它能以非常快的速度拖带一长列装得重重的车厢,但还得给它先预备可奔跑的路,就是我们在火车站看到的那种铁路。

　　"铁路不像别的路如泥路和碎石马路那样不便,火车可以在上面飞快地行驶。一列客车 1 小时能行驶 50 千米,称起来有 15 万千克。一列运输火车每小时可行 29 千米,总重 65 万千克。假使我们要雇马车在路上运输同样重的东西,以同样的速度走同样的距离,那么要 1300 余匹马才能代替一列客车,第二列运输火车要 2000 匹马才能代替。这将是何等的浪费啊!

　　"现在,我的小朋友,你们想想天天在全世界各地跑着的成千上万的火车,它们都在缩短着两地之间的距离,把最远的国家缩近;你们想想有多少蒸汽推动的各种机器在不停地为人类服务着;你们想想一台机器怎样驱动着一艘战舰,有时这种机器有着好几万匹马的力量,想想所有这些东西! 只用几铲煤在一罐水下烧着,人类的智慧是无限的不可思议的力的发展。"

　　"是谁第一个想到用蒸汽呢?"喻儿问,"我很想知道他的名字。"

　　"应用蒸汽作为机械的力量的是 200 年前的不幸的丹尼斯·柏平(Denis Papin),他是一个法国人,在初次提议用蒸汽作动力之后,便潦倒在外国了,贫苦而无助。他找不到钱来实现他的提议,这提议是可以将人类原动力提高千百倍的。现在为人所知的利用蒸汽的人是瓦特(James Watt),他是英国人。"

四十九、爱密儿的观察

现在轮到爱密儿来说他的所见所闻了。

"当你摇手叫我不要说话的时候,"他说,"我看到外面的树木好像在跑。沿铁路的树跑得很快,远处的大白杨一面跑,一面点着头,好像在对我们说'再见'。田野在绕圈子,屋子在向后逃跑。但仔细一看,我才发现原来是我们在动,其他的东西都没有动。多么奇怪啊!你看见许多东西在跑着,其实它们都没有动。"

"当我们很舒适地坐在火车里的时候,"他的叔叔答,"一点儿不用我们费力地向前跑,除了自己所占的位置与周围事物的关系外,我们如何考察我们的动静呢?我们知道我们在向前跑,是由于眼见事物在不断变动,不是由于任何一点儿疲劳的感觉,因为我们并没有移动自己的两条腿。但是离我们最近的事物是永远在我们眼前的,如我们的旅伴、车上的陈设,始终在同一个位置。左手边的人总是在左边,前面的人总是在前面。车厢内事物显然是静止的,这使我们失掉了我们自己行动的感觉,以为自己是静止的,幻想着我们是在向着外部事物相反的方向前进。这些外部事物在我们看来,总是在运动的,火车一停止,树木和房屋也就立刻停止了,因为我们不再有移动的眼光了。一辆简单的被马拖着的车子,或一只为急流所冲的小艇,在那上面的人们也会产生同样稀奇的幻觉。当我们走动时,我们会或多或少地失去这一行动的感觉,周围的事物实际上是静止的,但是看来似乎是在向一个相反的方向移动。"

"在我看来是这个样子,但我无法给自己解释这个道理,"爱密儿回答说,"我们动着,但是看到别的东西在动;我们愈是跑得快,别的东西似乎也跑得愈快。"

"我的小朋友,你们真难以想象得到,爱密儿的观察把我们直接引到了一个真理面前,这真理是科学的,但费了许多的功夫才使人们接受。这并不是因为它困难,而是因为它时常蒙蔽着大多数人的直觉。

"假如人们的一生都在铁路上度过,他们从来没有走出过火车,火车也从来没有停过,或者增减过速度,那么他们会坚信树木和屋子是动着的。经过深刻的思索,这种思索不是人人都能够做到的,这需要具有反日常经验的慧眼,要不然哪能揭开事实的真相呢? 在那些早已深信不疑的人们之中,有一个人站起来这样说:'你们以为山和树是动的,而你们是静止着的。但这恰恰相反,事实上是我们在动,山丘、房屋和树木是静止着的。'你们以为许多人都会同意他吗? 哪里! 他们将嘲笑他,因为每个人都亲眼看见山丘在跑、房屋在移动。我告诉你们,我的孩子们,他们将要嘲笑他。"

"但是,叔叔——"克莱儿开始说。

"这里没有什么'但是'。事实上已经做过了。他们做过比嘲笑还要坏的事:他们发怒了。我的小姑娘,你将要第一个笑了。"

"我要笑那种坚持说动的是车子,而不是房屋和山丘吗?"

"是的,因为我们每个人终生相信的错误并不是那么容易除去的。"

"我不会!"

"那是完全可能的,你自己在每个机会中都会说山丘在动,载我们的火车不动。"

"我不懂这句话的意思。"

"你们把那圆的地球,那带着我们穿过天空的火车,当作是静止着的,而把太阳和巨大的星星(我们的地球和它们比起来是很小的)当作是动的。至少,你们会说太阳升起来,又落下去了,明天也一样。那巨大的星星在动着,渺小的地球却静止着观看它们的行动。"

"在我们看起来,太阳自然是从天的一边升起,在另一边落下去,它在白天给我们阳光。月亮也是一样的,星星们也是如此,它们在夜里才能看见。"喻儿说。

"听一听下面的故事。我在书上读到一个怪人,这人在哪里我不知道,他那顽固的头脑竟不能应用最简单的方法,要得到一个最简单的结果,他竟用起极怪的方法,使得人人都觉得好笑。一天,他想要熏一只小鸟,你们认为他的脑袋里想出了什么呢? 我可以让你们猜上 10 次,甚至

100次,但你们永远猜不到,连做梦也猜不到! 他造了一架复杂的机器,机器上有齿轮,有平衡锤。这架机器在运动的时候,或前或后,或上或下,弹簧的声响和齿轮相咬的摩擦声足以把我们的耳朵震聋了。平衡锤落下时,全屋子都震动了。"

"这架机器是做什么用的呢?"克莱儿问,"是不是用这机器把小鸟儿送到火上?"

"不是的,那太简单了,是用它把火搬到小鸟旁边。这架巨大的机器把火把、灶头与烟囱都搬到了鸟儿的周围。"

"这真是太滑稽了!"喻儿忍不住说。

"孩子,你们嘲笑这个古怪的主意了。但是,你们自己也像这个怪人一样,把那火把、灶头和整个屋子放在熏叉上的小鸟儿的周围。你们把地球当作小鸟,把有着无数星星的天空当作屋子。"

"太阳并不大——最多有一块圆磨石大。"喻儿说,"星星只不过是一粒粒火花而已,但地球是那么大而且重!"

"你刚才说了什么? 太阳如磨盘石那般大? 星星不过是粒火花? 啊,你还不知道呢! 我们且先从地球讲起。"

五十、到世界的尽头去

"从前有一个小孩,和喻儿年纪差不多,并且也像他一样渴求知识。一天早晨,他准备做一次旅行。从来没有一个航海家准备到远处的海上去航行时如他那样热衷的。长途旅行的必需品——食物,他并没有忘记带。早饭吃了双份。他带的篮子里放了六个坚果、一块奶油夹肉面包,还有两只苹果!人们有了这些东西以后什么地方不可以去呢?家里人并不知道他要旅行,否则就会用旅行的危险来劝阻这位勇敢的小旅行家,让他放弃计划。他事前一声不响,因为怕被妈妈的眼泪哭软了心。他拿了篮子,也不向任何人告辞一声,独自出发了。一会儿,他来到了乡间。向左或向右转对他是一样的,一切路都是通向他所要去的地方的。"

"他要到哪里去呢?"爱密儿问。

"到世界的尽头去!他选择了右转弯的路,路边有荆棘簇,那里有金绿色的硬壳虫,美丽极了。但是那些美丽的虫儿并不能使他停留片刻,即使在小溪流里浮游着的红肚子小鱼也不能挽留住他。白天是那样的短,而路程又是那么的远。他笔直地向前走着,有时为了抄近路,横过了田地。一个小时之后,他吃了他的主要食品——夹肉面包,虽然吃这块面包是经过了一个节俭旅行家的精明的打算。又过了一个小时,一只苹果和三个坚果也没有了。疲惫的人胃口最好。时间过得很快,在一个转弯处,在一棵大柳树下面,第二只苹果和三个剩余的坚果都一一从篮子里取了出来。食物是吃完了(这事可不小),并且两条腿也不肯再走了。你们想想这样的情况吧。才走了两个小时的路,而拟定的世界尽头仍没有近一点儿。这小孩子决定走回去,他想等到脚力好一些、食物多一些时,再实施他的计划。"

"这个计划是什么?"喻儿问。

"我已经告诉你了,这个大胆的孩子要到世界的尽头去。照他的意思,天是一个蓝色的圆盖,那盖渐渐地向四方低下去,一直停在地球的边上。倘若他能到达那里,他必得弯着身子走,以免头被天撞疼了。他怀着这样的目的出发了,他以为不久便可用手触到天,但是那蓝色的圆盖在他一路向前走时,一路退下去,依旧遥远。疲倦和缺乏食品使他不肯再继续他的行程了。"

"倘若我认得这个小孩子,"爱密儿说,"我要劝阻他不要去这次旅行。无论人们走得如何远,要用手触天是完全不可能的。即使用了最高的梯子,也是不能的。"

"假使我记得没错,爱密儿并不常是这样想的。"他的叔叔说。

"那是对的,叔叔。像你讲的那个小孩子一样,我也曾相信天空是一个蓝色的盖,架在地面上。一个人能够耐心地走去,他便能到达盖的边上,那里就是世界的尽头。我也曾经想过,太阳是从这些山后升起来的,在另一面的山后落下去,那里有一个深洞,太阳整夜躲避在那里。有一天,你领我到山上去,那山本来好像是那蓝色的盖的架子。我记得那山离开我们很远,你把你的手杖借给我,帮我撑着走路。我并没有看见什么太阳落进去的深洞,一切都和我们在这里所看见的一样。天的边似乎仍停在地面上,只不过远了许多,那时你告诉我说,到了我们现在所看见的尽头,那尽头依然是很远很远的。我们在任何地方都看到同一个样子,一点儿看不到圆盖的边,这圆盖本来就是没有的。"

"你们三人都知道,没有一个地方是天与地相接的,没有一个地方会有头碰到天的危险,无论在什么地方都会看到蓝色的圆盖。你们还要知道,一直向前走去,你们将走过平原、高山、山谷、河流、海洋,但没有一个地方会有一点儿记号标出这就是世界的尽头。

"你们且想象一个大皮球,由一根线系着,停在空中,在这个球上有一条小虫儿。倘若这条小虫儿产生了一个跑遍全球的想法,那么它能在球面上跑来跑去,或上或下,这边那边地跑,永不会碰到一点儿困难,永不会见到一点儿阻碍物耸立着,阻断它的路途,这是不是真的呢?还有,假如它向同一个方向行进,那么它绕全球一周之后,不是又回到了它的出发点吗?我们在地球表面上也是一样的,虽然我们和载着我们的地球比起来,就好像是那大皮球上的那条小虫儿。我们能向着一千个不同的方向来来去去地走着。我们走完最远的路,甚至在地球上绕一周,回到我们的出发点,我们永不会碰到一个阻界,也不会触到天的圆顶。我们的地球是圆的,是一个巨大的球,没有一点儿支撑地浮游在宇宙中。至于那个圆圆的罩在我们之上的蓝色的圆盖,那是由空气的蓝颜色造成的。"

"你想象的小虫儿在上面爬着的球是给一根线系住的,那么巨大的地球是用什么大铁链挂着的呢?"喻儿问。

"地球并没有被任何链索系着,挂在宇宙中,也不是停止在任何支柱上,如一个地球仪在它的座盘上那样。一个印度神话说,人类居住的地方是支在四根黄铜的柱子上的。"

"那么四根柱子自己又在什么上面呢?"

"它们是在四头白象的身上。"

"那么四头白象呢?"

"它们是在四只大海鳖的身上。"

"那么大海鳖呢?"

"它们是游在一个牛乳海里。"

"牛乳海又在哪里呢?"

"那个神话中没说,实在也不必再说下去了。不必去幻想着所有这样那样的支柱把地球支起来。假定说有一个座盘支撑着地球,那么必须有第二个东西来支撑第一个,以后则第三个、第四个,乃至第一千个,只要你高兴说下去,这只不过是把问题延续而已,并没有回答它,最后,把所有各种幻想的支柱都说完以后,人们还得要问那最后一个东西又放在什么上面。也许你们在想着那天的圆盖,这个东西得盖住地球,但你们知道这个圆盖并不是真实的,不过是空气造成的一个形状而已。此外,千万个旅行家已经把地球上向各方都走遍了,但他们没有看见一处地方,挂着一条链索,或任何一种座盘样的东西。他们在各地方所见的情形,就是我们在这里所见的情形,地球是孤立在宇宙中的,它在宇宙中浮游着,没有什么支柱,和月亮与太阳一样。"

"那么它为什么不掉下来呢?"喻儿坚持说。

"我的小朋友,掉下来就是掉下地来,好像一块抛出去的石头那样。那个球既是整个的地球,那么这个大球怎么还会掉到地球上来呢? 一样东西能够自己掉到自己身上来吗?"

"不能的。"

"那么好!我们且像这样想象一下。在这承载人类的球的四周,一切都是一样的,确切点说,这里是没有上或下,没有左或右。我们说'上面',指向附近空间之上,或者说指向天,但是记着,在地球的另一面也是天啊,那里的天空也像我们这里所见的一样。假如你觉得非常简单,地球并不会冲向我们之上的天,那么你为什么会以为它会冲向另一面的天呢?跌到另一面的天上去,其实就是升起来,好像这里的一只小鸟儿飞起一样。"

五十一、地球

"地球是圆的,可以由下面这些事实来证明。当一个旅行的人走向一座城市的时候,他横过一块平原,假使平原上没有东西阻挡他的视线,那么在一个相当远的地方,他最先可以看见那城市里最高的地方,如塔和楼阁的尖顶等。等到他走得较近时,那塔的最高层便可完全看见了,以后连高房子的屋檐也可以看见了。距离逐渐缩短,视线所及的东西也逐渐增多,上自最高的,下至最低的,都能看见了。其原因就是地面是呈圆弧形的。"

保罗叔叔拿起一支铅笔,在纸上画了一幅上面那样的图,于是他继续说道:

"从最远处看这座高塔的底部是看不见的,因为地面的圆弧线遮住了它。再近一点儿看,那高塔的上半部分便可看得见了,但下半部还是看不见。再走近一些,整个高塔全部看见了。倘若地面是平的,那便完全不同了。不论是远是近,那塔的全部都能看见。从远处看,自然没有较近的看得清楚,这是因为距离远了的缘故,但从头到尾都能看得见。"

下面是保罗叔叔的另外一幅画,画着两个观看的人,他俩的距离大不相同,但在一个平面之上,他们都能从头到底地看见塔的全部。

"在陆地上,要找一处地方,地面很平坦,很适合于观察,如我刚才告

诉过你们的那样，这是很不容易的。差不多总是有山丘、斜坡，或者树木阻挡着视线，阻止人从顶到底看见完整的塔和高房子，这塔或高房子正是他走去的方向。在海面上便没有什么障碍物可阻拦视线，除非是水的凸面，这凸面的形成是因为地球是圆的，因此，在海面上最容易证明地球是圆的。

"当一条船从大海中向海岸行进时，船上的人看到海岸上的第一样东西是最高点，如山峰。后来则是高塔的顶被看见，再后来便可看到海滩了。同样的，一个站在岸上观望的人，看着一条船到来时，是先看见船桅的顶，然后看见上帆，再后来看见下帆，最后才看见船身。倘若那船要离开海岸，那看的人见到船儿渐渐地消失，好像钻进了水里，而一切顺序却是完全相反的，就是说，船身先看不见，然后是下帆、上帆，最后是桅杆的顶点，那是最后看不见的。这些情形只需画三四铅笔便能使我们明白了。"

"地球有多大呢？"这是喻儿的第二个问题。

"地球一周是4万千米。你们要是手拉手地围绕一只圆桌，三五个人便够了。要在地球的大肚子上像绕圆桌那样地绕一周，那么要有两三千万人，等于法国的全部人口。假定地球全部是陆地，没有海洋，一个旅行家天天走，40千米一天（这已是无人能办得到了），绕地球一周要3年。普通人一天走40千米会走得筋疲力尽，第二天早晨便不能再走了，我们哪里还有像这样连续疲倦三年的脚劲呢？"

"我跑得最长的一次路程是下雨天到松树林里去的那次，我们那次是去看行列虫的。我们走了几千米呢？"

"约 16 千米,8 千米去,8 千米回。"

"只有 16 千米呀! 我已经跑得受不了了。假使我来跑地球一周,每天尽力地跑,那么跑完世界一周将要花费七八年的时间。"

"你算得不错。"

"那么地球真是一个很大的球吗?"

"是的,我的小朋友,是很大的。我再来举一个例子帮助你们了解它。我们用一个直径比一个人还要高的球——即一个直径 2 米的球,来代表我们的地球,然后按比例把几座主要的高山放上去。世界上最高的山是珠穆朗玛峰,海拔 8848 米,是喜马拉雅山系的一部分,很少有云能到它的山腰。啊哟! 在这样一个巨大的怪物面前,人类将变成什么呢? 好了,我们把这一位巨人抬上我们用来代表地球的大球,你们知道用什么东西来代表它吗? 一粒很微小的沙子,仅高 1.3 毫米! 那巨大的山,大得可以把我们惊呆,但和地球比起来,真算不了什么。欧洲最高的山是白兰山,海拔 4810 米,用沙粒代表起来,只及前一粒的一半大。"

"当你告诉我们地球是圆形的时候,"克莱儿插嘴说,"我正想着那巨大的山和深幽的谷,并且自问,地球有了这些高低不平的表面,为什么还是圆的呢? 我现在知道了,原来这些高低不平的东西和地球的大小比较起来,是微不足道的。"

"虽然一只橘子表面上有皱纹,但它还是圆的。对于地球也是一样,虽然它表面上是那样高低不平,但它仍是圆的。"

"好一个大球啊!"爱密儿叫出声来。

"要量一个地球的表面积不是一件容易的事情,你们也一定知道,但人们不但量了,并且把这大球称了,好像它能够放在天平的秤盘上,另一个盘上还能放上砝码。科学,我的好孩子,有着丰富的源泉,体现了人类智慧的伟大。那巨大的球称过了。他们是怎样称的呢,现在无法向你们说明。他们不是用天平,而是用智慧的力量,这种力量是大自然给我们的,解决了这个宇宙的大谜。在真理的力量面前,地球的重量还不十分重。这个重量的数目是数字 6 后面跟上 21 个零,即约 60 万亿吨!"

"这个数目把我的头脑都弄糊涂了,它实在太大了。"喻儿说。

"一切大数目都是这样困难的,我们要设法避开困难。假定地球能放在一辆车上,并且能够在平地上像在马路上那样拖着,要多少队马才能拖动这一重物呢？我们且在前面架上 100 万匹马，在这队之前再添100 万匹，第三排仍是 100 万匹，以后第 100 排，乃至 1000 排，都是每排100 万匹。于是我们有了一个 10 亿匹马的队伍，这么多的马全世界的牧场早已养不下了。好了，现在可以加鞭拖了。但是我的孩子们呀，竟纹丝不动！力量还远远不够呢！要拖动这个大东西，必须要有 1 亿队这样大的马队的总力量！"

"这数目我吃不消了。"喻儿说。

"我也吃不消，这实在太大了。"他的叔叔也肯定地说。

"是的，太大了，叔叔。"

"头脑都给弄昏了。"克莱儿说。

"这正是我所要使你们认识的。"保罗叔叔结束了谈话。

五十二、大 气

"倘若你们把手掌很快地移过你们的面前,你们会感觉有一阵微风拂在脸颊上。这阵微风便是空气。在静止的时候,我们一点儿也感觉不到,待到手摇动以后,便感觉到它的存在,产生了清凉的快感。但空气的流动并不是时常像这样——一种轻微的扫拂,它有时会变得非常蛮横。一阵狂风过后,常会把树连根拔起,把房子吹倒。这样猛烈的风仍是一种流动的空气,一种从这地方流到那地方像一条流水那样的空气。空气是看不见的,因为它是透明的,并且差不多是无色的。但倘若它聚成了很厚的空气层,人们再看过去,那么它柔弱的颜色便能看见了。水在很少量的时候,也似乎一样无色;在很深的水中,如海洋、湖泊、江河中看来,它是蓝色或绿色的。对于空气,也是同样的道理,在薄层中看来是无色的,在厚到数十千米的气层中看来它是蓝色的。远处的风景看来似乎是微蓝的,因为这风景和我们之间插入了一层厚厚的空气层。

"包围在地球周围的空气层有 60 千米厚。这是空气的海,或称'大气',云便在这当中浮游着。大气柔和的蔚蓝色做成了天的颜色。

"我的孩子们,你们知道吗?像鱼住在水底那样,我们住在空气的海底,这海有什么用处吗?"

"不大清楚。"喻儿答。

"没有了这个空气的海,一切生命——植物和动物——都将不存在了。听着,我们要生存,就要吃、喝和睡。但是,我们还有一个需要,这个需要是无止境的,永不会满足的,无论醒着或睡着,夜晚或白天,甚至每一刻。这就是人对空气的需求,空气对于人是很重要的。对于空气,我们好像并没有自觉的或有意的需要,而空气却跑进了我们的身体,完成了它奇妙的作用。我们生活的第一要素便是空气,日常的营养还在其次。我们对于食物的需要是间断的,而对空气的需要是随时的、无间断的、迫切的。"

"但是,叔叔,"喻儿说,"我一点儿没有想到我在吃空气。这还是第一次听说空气对于我们竟这样的重要。"

"你没有对它多想,是因为它在不知不觉中给了你,但你可以试一试,阻止空气进入你的身体,把空气的入口——鼻子和嘴封闭起来,你便会知道了!"

喻儿按着他叔叔的话试起来,把口闭上,再用两只指头塞住鼻孔。一会儿,他的脸红了起来,他不得不停止了。

"这样封闭下去是不可能的,叔叔,倘若再闭得久一点儿,便会把一个人闷死,或使他觉得这样是一定会死的。"

"是的,我希望你会相信要活命必须有空气。一切动物,从小到肉眼不易看见的小虫儿到创造的巨人,都和你是一样的:它们活命的第一条件就是空气。即使那些住在水中的鱼及其他动物,对于这条定律也是不例外的。它们只能住在含有空气的水中。当你们再长大一点儿时,你们将看到一个惊人的实验,证明生命是何等依赖着空气。你们可以把一只鸟放在一个玻璃罩之下,再将罩的四周都密密地封紧,然后用抽气机把罩内的空气抽去。空气从玻璃罩中抽出之后,那鸟便站立不稳了,经过一阵痛苦的挣扎之后,便倒下死去了。"

"那么,要供给全世界所有人和动物的需要,必须有大量的空气。空气竟有这样多啊!"爱密儿说。

"是的,真的是需要大量的空气。一个人在一个小时内约需 6000 立方米的空气。但是大气——空气的海洋——是非常非常多的,足以供给所有人的需要。我设法来使你们知道。

"空气是一种很轻的物质。1 立方米的空气称起来只有 1300 克,和同体积的水(1000 千克)相比,水比它重 769 倍。虽然这样,但是所有空气的总重量将要超乎你们的想象。倘若我们能把大气中所有的空气放入一架大天平的一个秤盘里,你们猜在另一个秤盘里要放上多重的砝码才能使天平平衡? 不要害怕这数目的巨大,你们只管把能够想象得到的几千几万千克放上去得了。空气是那样的轻,可空气的海是很大的啊。"

"让我们放上几百万千克。"克莱儿提议说。

"就那么一点儿。"她的叔叔答。

"那么我们再把这数目乘十乘百。"

"还不够,那个秤盘还不肯升起来的。让我把答案告诉你们吧,在这个计算里,数字已经不够用了。因为我现在所假定的重量,最重的秤锤是一点儿也不中用的。我们一定得发明一个新的秤才行。假设有一种立方块,体积1立方毫米,重90亿千克,我们用它做重量单位吧。好了,要使天平平衡,这种立方块在另一个秤盘里就要放入585000颗!"

"真是不可思议!"克莱儿说。

五十三、太阳

第二天清晨,保罗叔叔和他的侄儿侄女们爬上附近的山顶看日出。这时天色还暗着。他们穿过村庄时遇到了卖牛奶的女孩,拿着乳酪和牛奶上城市里去卖,还有铁匠正在他的铁砧上打着红热的铁,火炉里钻出来的火舌融融地照着路的黑暗。

太阳喷出的红焰

保罗叔叔和三个孩子停在一丛杜松下,等候着他们特地跑上山来要看的壮观景象。东方,天色渐渐地亮了,星星的光失了色,一个个瞧不见了。一鳞鳞玫瑰色的云在一片光亮中浮游着,这时渐渐地升起了柔弱的光照。光达到了天顶,白天的蔚蓝色重现出它的精美透明。黎明的曙光照亮了大地,一只百灵鸟一溜烟似的冲上了云霄,它是第一个迎接白天的使者。它飞着、唱着,歌声中充满了喜悦。听,树叶丛中起了一阵微风,树叶私语着;小鸟儿们醒过来在啁啾地叫着;牛早已被牵到田里去了,停在那里好像在思考着什么,时而还"哞——哞——"地叫两声;还有那勤劳的人们,他们又开始了一天的劳作,一切都是那么活泼、那么有生气。

一丝明亮的光线射出来，山巅突然亮了起来。这是正在升起的太阳的边缘，地球在这个光芒四射的怪物下悸动着。那发光的圆盘上升着，它差不多完全透出来了，现在完全出来了，好像一块红热的圆磨盘石。晨雾调和着它那刺目的光芒，使我们能够直视它，但不多一会儿，没有人耐得住它耀眼的光芒了，这时，它的光芒洒满了平原，平原上充满着新鲜的空气，雾从山谷深处升起，慢慢分散开来，晶莹剔透的露珠开始蒸发了，太阳撒娇似的升上了天空。

保罗叔叔在杜松树荫下开始他的谈话。

"太阳是什么，它大吗，离我们很远吗？我的孩子，这就是我现在很高兴告诉你们的。

"要量出一点到另一点的距离，我们知道一个方法，就是用尺子去量。但是科学有着种种方法可以用来量出一个人不能亲身去跑的路程，它告诉我们怎样能得出一座塔或一座山的高度，而不用跑到它们顶上去，甚至不用走近它们。天文学家计算的结果是这样：我们离太阳约有15200万千米。这个距离约等于地球一周的3800倍。我上次告诉过你们，一个人——一个强壮的旅行家要在地球上走一圈，假定一天能走40千米，也要用近3年的时间。假如从地球到太阳真的可以走去的话，那么他走完这条路要用近12000年。人类最长寿的生命和这漫长路程相比，真是太短暂了，这条长路绝不是一个人一生能够走完的，要有100个人，每人前后相继地各自跑100年，即使把他们的努力联合起来，还是不够的。"

"那么让一辆火车来跑这一条路，要费时多久呢？"喻儿问。

"你记得它跑得有多快吗？那拖着我们跑的火车每小时约跑40千米。我们假定一辆火车永不停止地向前跑，并且跑得还可以快一点儿，1小时跑60千米。像这样向前飞冲着，从地球到太阳也得费时300多年。要走完这样长的路程，人类即使用所能造出的最快的火车，也只不过是一只懒惰的蜗牛想要实现走世界一周的野心。"

"我在不久以前还以为只需爬到屋顶上去，再借一根长芦苇的帮助，便能触到太阳了！"爱密儿说。

"对于一些只相信形式的人们，太阳只不过是一个耀眼的圆盘，最多不过是一块磨盘石那么大。"

"这话就是我昨天说的啰。"喻儿说,"但是它既然这样远,它便像一个磨盘石那般大了。"

"太阳并不像磨盘石那样平,它也和地球一样是球形的。还有,它比磨盘石要大上不知多少倍。

"我们看一切事物,愈远则愈小,最后一直远到看不见。一座高山远看起来,只不过是一座不大的小丘;教堂屋顶上的十字架本来是很高大的,但我们在下面看来是很小的。这对于太阳也是一样的,它看起来很小,只因为它离我们很远。它既然离我们非常远,一定是很大的,倘若不是这样,那么我们便一点儿也看不见了,不再像一块耀眼的磨盘石了。

"你们已经知道了地球有多大。我知道你们的想法,还是我来比较一下,否则便不能把事情的真实情形想象出来。太阳有多大呢? 它比地球要大出 130 万倍! 假定我们把太阳挖成一个球形的空壳,那么要 130 万个地球才能把太阳装满。

"我们再举一个例子。用麦粒装满一种名叫升的量器,约需 1 万粒。那么需要 10 万粒麦子才能装满 10 升,或称 1 斗,130 万粒麦子才可装满 13 斗。假使把 13 斗的麦粒倒在一堆,再在旁边另外放上一粒单独的麦粒。这时讲起太阳和地球大小的比较,如果用这一粒单独的麦粒代表地球,那么 13 斗的一堆麦粒就代表太阳!"

"我们真是大错特错了!"克莱儿叫起来,"这个小小的发光的圆盘原来竟如此大,我们的地球和它比起来竟这么小。"

"我还没有讲完呢,我的好孩子。前面我和你们讲闪电与响雷时,我曾说过光是跑得非常快的。从太阳到我们,一列开得最快的火车也要用 300 年才能到达,光线走起来只需半刻钟,或者约 8 分钟。再听着,天文学告诉我们,每一颗恒星,无论在这里看起来是如何的渺小,它都是一颗比我们的太阳还要大的"太阳";天文学还告诉我们,这些"太阳",肉眼只能看见一粒很小的光点,但数目是非常多的,多得数也数不清;天文学还告诉我们,它们的距离是非常非常远的,远得从最近的一颗恒星上,光线——我已经告诉过你们,它是走得非常快的——也得走上近 4 年才能走到地球上来,光线从最远的恒星上跑到我们这里,甚至要费时千万年!以后,假如你们能够的话,可以估算一下这些遥远的恒星与我们之间的距离。

五十四、日与夜

"在我看来,好像那灶中明亮的火围住了被熏的小鸟儿之后,我们看不见灶头了。"克莱儿说。

"刚刚相反,我们现在是更迫近了。假使那离地球15200万千米的太阳每天绕着地球转,你们知道它一分钟要走多远吗?要走40余万千米!但是这个明明不可能的速度倒还没有什么。恒星,像我刚才所告诉你们的,都是些'太阳',比我们的太阳在体积和光亮上都要大而亮,只不过它们是非常遥远的,因此它们看起来很小。最近的恒星要比我们离太阳远3万倍。它们在24小时内绕地球一周(它们看来好像是如此),运动的速度有1分钟40万千米的3万倍。那么其他100倍、1000倍、100万倍远的恒星,它们如何能够不顾及它们的距离,都要刚好在24小时内走完它们绕地球的行程呢?还有,你们还记得太阳的巨大尺寸吗?地球在太阳的旁边只不过是一撮泥土而已,而你们却要这巨大的怪物——太

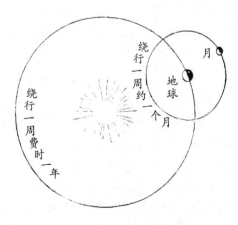

地球绕太阳和月亮绕地球的运行

阳,在无边际的空间里用不可能的速度绕地球旋转,为的是要把光和热带给我们这颗行星;你们还要把千千万万种别的'太阳'——恒星,也用愈远愈快的速度绕着我们这个可怜的地球走完它一天的路程!不!不!这样是不合理的。假如要这样,那么等于把火灶头和整个屋子放在一只熏叉上的小鸟儿的四周。"

"那么是地球在转动了,我们也和它一起在转。"克莱儿又插嘴说,"因为我们的地球在动,太阳和恒星在我们看来好像向着相反的方向移去,犹如我们在火车上看树木和房子向后移动一样。既然太阳看起来好像从东到西地在 24 小时内绕着地球转,这就是一个明证,证明我们的地球在它的轴上从西到东每 24 小时转一次。"

"地球绕太阳的运动有两种,一种是绕太阳的公转,一种是自转。地球公转一周需要一年,自转一周需要 24 小时,如果把地球的运动比成地上旋转的陀螺的运动,那么地球的自转就是陀螺自身的旋转,地球的公转就是陀螺在地上绕着圈子的运动。

"你们还可以用别的方法来认识地球的双重运动。譬如,在一间房间里放上一只圆桌,圆桌上放一支点亮的蜡烛来代表太阳。于是,你们可以踮起脚尖绕着桌子转圆圈。你们自己的每一个旋转相当于地球在它的轴上转一圈,你们绕桌子转一圈和地球绕太阳转一周相似。注意当你用脚尖转动的时候,你连续把你的脸与后脑勺交替地面对着烛光,这个可以作为地球自转的说明;头的一面向着光,另一面则背着光,地球也是同样的:它在转动时把它的各处地面一一地转向太阳光。看见太阳的地方是白天,另一面则是黑夜。这就是日与夜交替的简单道理。地球每 24 小时在它的轴上转一圈,也就是日夜交替一次。"

"我现在知道日夜交替的道理了,"喻儿说,"看见太阳的半个地球是白天,另外半个地球则是黑夜。但地球是转动着的,所以每个国家都能相继地面向太阳,而另外一部分则转进无光的半个地球里去。在火上熏的小鸟儿,把身子的各部分相继地转向灶中的火,也是同样的道理。"

"我们也可以说,"爱密儿说,"半只向着火的鸟儿身是在白天,半只背着火的是在黑夜。"

"有一个问题我还是不明白,"喻儿接着说,"倘若地球每 24 小时自转一次,那么 12 个钟头内我们便跟着地球转了半个圈,而后我们便颠倒了,我们的头在上脚在下,再过 12 个钟头以后,我们便相反地头在下脚在上了。在这种情形下,我们为什么不觉得不安呢? 我们为什么不会摔下来呢? 为了不跌下来,我以为我们不得不在地上很危险地爬了。"

"你的理解是对的,"保罗叔叔说,"但只有一些是对的,这已经很不错了。12 点钟之后,我们将要转到相反的位置:我们的头将要指向我们现在脚所指的方向。但是,虽有这样的颠倒,我们仍没有掉下去的危险,也丝毫没有任何不便,因为我们的头是永远向上的,就是说向着天空,天空是到处包围着我们这个地球的;我们的脚是永远向下的,这就是说永远是站在地面上的。我再说一次,所谓掉下去就是向地上撞去,不是撞向四周的天空。不管我们的地球如何运动,我们会永远在地球上,脚踏地,头向天,我们是永远直立着的,丝毫不会有不快的感觉和任何跌落的危险。"

"我们的地球转动得很快吗?"爱密儿问。

"它在自己的轴上转一圈约需 24 小时。因此,在那做最长旅行的中心区域,其任何一点儿都是在这 24 小时内走 4000 万米,就是说这一次的旅程是等于地球的一周,或 1 秒钟走 462 米。这个速度大约是一个刚离炮口的炮弹的速度,或是迅速行驶的火车的速度的 30 倍。高山、平原和海洋也是一样,每秒走 462 米。"

"但一切事物我们看来都是静止的。"

"当火车用惊人的速度载着我们向前奔驰时,假如没有车辆的颠簸,我们不仍以为是静止的吗? 虽然地球迅速地转动着,但是很平稳,除了由星星的移动认出外,我们是无法察觉的。"

"倘若坐在一个气球内升到高空里,"喻儿说,"我们应该可以看见地球在我们之下转动。海洋和它的岛屿,大洲和它的国家、森林、高山,都将尽收我们的眼底,我们将在 24 小时之内看见地球转一圈。那是一个多么伟大的情景啊! 那是多么令人兴奋而又不费力气的一次旅行啊! 等到下面的地球转回到我们的国家时,我们便可从气球上跑下来,这次的世界旅行便可结束了。我们在 24 小时之内,位置不动,就可把全世界看遍了。"

"是的,我赞成你的说法。这样把世界看一遍倒是令人羡慕的一种方法。我们就在这个地方等着,别的地方和人民都自会被地球的旋转带来的,海洋和雪山也会相继来到我们的脚下;到明天同一个时候,我们又将在这里了。我们看到第一个要来的是海洋,是那浩瀚的大西洋,它巨大的波浪声将代替我们的谈话声。不消一刻钟,另一个海也来了。几艘大兵船,装着三大排炮弹,也许将在我们下面开足了马力跑着。海洋之后,我们便到了北美洲,那加拿大境上的巨大的湖泊,无边无际的大草原,草原上有着红皮肤的印第安人在猎着野牛。然后,又来了一个大海洋,比大西洋大得多,它费了差不多 7 小时才过去。这长条般的岛是什么岛呀,那里的渔人都裹着皮衣服呢,在晒着青花鱼。那长条形岛屿原来是千岛群岛,在堪察加半岛之南。它们一会儿便过去了,我们竟来不及看它一眼。现在到了有黄种人的蒙古和中国了。啊!我们所见的多么有趣呀!但是地球在不断地转动着,中国早已转到远方去了。下面继续来的是中亚细亚的沙漠和比云还要高的山,这里是鞑靼人的牧场,一大队马在嘶叫着;这里是里海边的草地,住的是扁平鼻子的哥萨克人。再来的是南俄罗斯、奥地利、德国、瑞士,最后回到了法兰西。让我们快点下去吧,让我们回到地面上,地球已经转完了一圈。

"我的小朋友们,你们一刻也不要去想这类令人眼花缭乱的情景,地球用了一个大炮弹的速度旋转着,这不是我们的眼睛所能看见的。坐在一个气球里,上升到天空里去,好像喻儿所说的那样,我们似乎应该可以看到地球带着它的陆地和海洋在我们脚下经过。这类事情是不会有的,因为大气也跟着地球转动,拉着气球一同去转,并不是让它静止着的,以便观看的人能够自在地、在眼底下把地球四处看个够。"

五十五、一年与四季

"你曾告诉我们,"克莱儿说,"地球一方面在它的轴上转着,同时它又绕着太阳公转。"

"是的,它公转一周要 365 天,也就是一年,同时它也要自转 365 次。"

"地球是 24 小时在轴上转一圈,一年绕太阳转一周。"喻儿说。

"不错,你可以想象绕着一张圆桌转,桌子的中央放着一盏灯,代表太阳,而你则代表地球。你每绕桌子走一圈,便是一年。倘若要使这事情更加精确些,在绕桌子转一次的时候,你必须踮起了脚尖自转上 365 圈。"

"这好像是地球绕着太阳跳圆圈舞。"爱密儿说。

"这个比喻虽不十分恰当,但确实是对的。这里可以看出,爱密儿虽然年幼无知,但他已经完全懂得了。一年分 12 个月,分别是 1 月、2 月、3 月、4 月、5 月、6 月、7 月、8 月、9 月、10 月、11 月、12 月。各月份的长短是不同的,往往会令人糊涂。有几个月有 31 天,有的 30 天,2 月则依着平年、闰年有 28 天或 29 天。"

"若让我,"克莱儿说,"我就不能说出 5 月、9 月或者别的月份是 30 天还是 31 天。我们怎样才能记清楚哪些月份是 31 天,哪些月份是 30 天呢?"

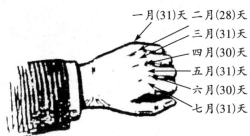

一月(31)天 二月(28)天
三月(31)天
四月(30)天
五月(31)天
六月(30)天
七月(31)天

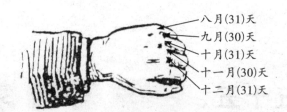

八月(31)天
九月(30)天
十月(31)天
十一月(30)天
十二月(31)天

"我们的手上有着一本天然日历,它能告诉我们一条很简单的方法。你们把左手握起来,除去大拇指外,四个指骨各自凸成一个骨峰,中间给凹下的骨窠分开些。你们把右手的食指放在这些骨峰与骨窠上,依次指点着从小指的骨峰上开始,照着一年内各月份的次序数下去,1 月、2 月、3 月……当 4 个指节都数完后,便可回到起头的地方,继续把未完的月份数下去。这样,凡是在骨峰上的月份都是 31 天,而在骨窠里的月份则是 30 天,但是必须把第一个骨窠内的 2 月份除去,那是按年份的平闰而定为 28 天或 29 天的。"

"让我来试一下,"克莱儿说,"我们来看 5 月份有几天:1 月是骨峰,2 月是骨窠,3 月是骨峰,4 月是骨窠,5 月是骨峰。那么 5 月是 31 天。"

"就是这么容易。"她的叔叔说。

"我也来试一下,"喻儿插嘴说,"我来试试 9 月份如何:1 月,骨峰;2 月,骨窠;3 月,骨峰;4 月,骨窠;5 月,骨峰;6 月,骨窠;7 月,骨峰。现在怎么办? 我已经把手上的峰和窠都数完了。"

"那么再继续数下去。"保罗叔叔教他说。

"从起头的地方数下去吗?"

"是的。"

"噢。8 月,骨峰。这里是接连两个骨峰。那么 7 月和 8 月这两个月都是 31 天吗?"

"是的。"

"我重新起头数。8 月,骨峰;9 月,骨窠。9 月有 30 天。"

"为什么 2 月有时是 28 天,有时是 29 天呢?"克莱儿问。

"我要告诉你们,地球并不是刚好是 365 天绕太阳转一周,它还得再多走差不多 6 个小时。这 6 个小时在计年的时候,为了要日数的整齐,暂时放开不计。等到满 4 年,把它们并成一天,加在 2 月份里,于是 2 月就有 29 天,而不是 28 天了。"

"那么三年中的 2 月都是 28 天,第四年则是 29 天了。"

"一点儿不错。2 月份有 29 天的一年,叫作闰年。"

"那么四季又是什么呢?"喻儿问。

"这个道理,你们还不易懂得,这是地球绕太阳公转造成的。

"一年有四季,每一季三个月:春季、夏季、秋季和冬季。春季约自 3 月 20 日至 6 月 21 日,夏季自 6 月 21 日至 9 月 22 日,秋季自 9 月 22 日至 12 月 21 日,冬季自 12 月 21 日至 3 月 20 日。

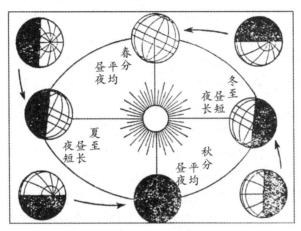

地球在四季的位置

"在 3 月 20 日与 9 月 22 日,太阳从地球的一头到另一头,晒 12 个小时,黑 12 个小时。6 月 21 日是日最长、夜最短的日子,太阳可见到 16 个小时,只有 8 个小时看不见。愈向北,日愈长,夜愈短。有些地方的太阳升得比这里还要早,早晨 2 点钟就升起来了,夜里 10 点钟才落下去。还有一些地方的太阳,它的升起与落下竟相连着,刚刚落下去又在附近的天边升起来。最后,到了北极时,就是到了地球不动的一点儿上——好像一个车轴的中心点,外面的部分都在动着,中心的一点儿是不动的——在这地方的人,能看到最稀奇的景象,太阳并不落下去,整整 6 个月都在人们周围绕着,那时这地方是不分黑夜与白天的。

"到了 12 月 21 日,与我们在 6 月里所见的情形相反。太阳在早晨 8 点钟才升起,到了下午 4 点钟就已经落下去了。那时 8 个小时是白天,16 个小时是夜晚。再向北边,夜间便长至 18、20、22 个小时,而白天只有

6、4、2 个小时了。在北极附近,太阳看不见了,因此也不再有白天,有整整的 6 个月都处在黑暗中。"

"那么北极有人居住吗?"喻儿问。

"没有,北极除了一些勇敢的探险家以外,还不能够住人,因为那里冷得可怕,但北极的四周是有人居住的。冬天来的时候,酒和饮料都结成了冰块;把一杯水泼到天空中去,掉下来时已变成了雪花;呼吸时透出来的湿气都变成了霜针,冻结在鼻管口;海也结冰结得很厚,增加了陆地的面积,看起来好像是雪的田和冰的山。整月的,太阳不露面,日夜不分,或者说就是一个长夜,无论中午与午夜都是一样。天气好时并不是完全黑暗的,白雪反射着星月的光,成为一种半明半暗的光,足以使人分辨出东西来。借着这种暗淡的光,住在这些黑暗地方的人们坐着雪橇,使一队狗差差落落地拖着,做一些稀少的事情。鱼是他们的主要食物。晒干储藏好的鱼类,半腐烂的、恶臭的鲸脂都是他们日常的食品。他们灶内的燃料是鱼骨和油脂片。总之,这里没有什么柴草,无论怎样耐寒的树都耐不住这样寒冷的冬天。矮到极点的杨柳、桦树可在拉普兰(欧洲最北的地方,在俄罗斯之北——译者)的南端生长,但不能在那地方生长;大麦本是可耕种的草本植物中最坚强的,也无法在那里生长。所以,那里的冬天,一切植物的繁殖都是不可能的。夏季时,那地方偶然有几丛草和苔藓,但也是急急忙忙地在岩石间的洞阴中结下它们的种子。夏季的时间太短,不能使冰雪全部融化,一切植物都无法生长。"

"啊呀,真是不幸的地方啊!"爱密儿说,"还有一个问题,叔叔。地球在绕太阳转的时候,它走得很快吗?"

"走完全程刚好要一年工夫。但是地球离太阳非常远,有 15200 万千米,它必须用你们想象不到的高速度来走完这个极大的圈,这速度是每小时走 108000 千米。同样一小时内,快的火车只能走 60 千米。你们自己比较比较吧。"

"什么!"喻儿叫道,"那个巨大的球,它的惊人的重量我们现在还模糊弄不清呢,居然用这样的速度在天空中跑着吗?"

"是的,我的小朋友,地球以每小时 108000 千米的速度在空间转着,没有轴梗,没有支撑,但是它不会跑出它的轨道。"

五十六、约瑟夫的惨死

一个不幸的消息传遍了全村。

那天,小路易丝的妈妈给他换了一条新裤子。新裤子上有口袋和耀眼的铜纽扣。路易丝穿了他的新衣服,举止很不自然,但觉得很快活。他喜欢在阳光下闪烁的纽扣;他把口袋从里边翻出来,看看口袋的大小能否装下他所有的玩具。最使他喜欢的是一只锡表,表的针是永远指在一个字上的。他的哥哥约瑟夫比他大两岁,看着他很欢喜。现在路易丝是和约瑟夫穿得一样了。他们自然地想到林子里去玩,那里有鸟儿们的窠巢,还有草莓等可以吃。他们俩有一只白得像雪的小羊,小羊的颈上还有一个美丽的铃铛。两兄弟带着小羊去牧场。他们提了一个篮子,里面装着一些点心。他们和妈妈亲吻告别,妈妈叫他们不要跑得太远了。"当心着你的弟弟,"她对约瑟夫说,"搀着他的手,早一些回来呀。"他们去了。约瑟夫提着篮子,路易丝牵着小羊。妈妈倚着门看着他们远去,她自己也和他们一样快乐。孩子们时时回头对她微笑。转弯后,他们都看不见了。

他们到了牧场。小羊在青草地上嬉戏着,约瑟夫和路易丝在一片高大的树林里追逐着蝴蝶。

"啊,美丽的樱桃啊!"路易丝忽然叫起来,"你看它是多么大、多么黑啊!樱桃啊,樱桃!我们可以大吃一顿了。"

那东西其实是些深紫色的大浆果,结在低矮的草本植物上的。

"这些樱桃树多么小啊!"约瑟夫回答说,"我从来没有看见过像这样矮小的。我们可以不必爬到树上去,而你也不会被扯破新裤子了。"

路易丝摘了一个浆果放在他的嘴里,那是淡涩而略甜的。

"这些樱桃还没有熟呢。"小路易丝一面说着,一面把吃在嘴里的浆果吐了出来。

"吃这一个吧，"约瑟夫回答说，给了他摸起来略软的一个，"这个熟了。"

路易丝尝了一下，又把它吐了出来。

"不，它们都不好吃。"他又说。

"不好？都不好吃？"约瑟夫说，"你看我吃。"他吃了一个，再吃一个，又吃一个，吃第四个、第五个，吃到第六个时，他不得不停止了。那一定是不好吃的了。

"它们真的不是很熟。让我们摘几个下来，放在篮子里等熟了再吃，也是一样的。"

他们采集了一些这样的黑浆果，然后又去追逐蝴蝶了。樱桃的事情已忘记得一干二净。

过了一点钟之后，同村的薛门骑着骡子从磨粉厂里回来，看见两个孩子坐在篱笆下面相抱着哭，他们的脚边躺着一只小羊，小羊哀哀地干叫着。那年龄较小的孩子对另一个孩子说道："约瑟夫，站起来，我们回家去吧。"那年长的一个试着要站起来，但他的腿痉挛地颤抖着，不能支撑。"约瑟夫，约瑟夫，对我说话，"那可怜的小家伙说，"对我说话呀！"而约瑟夫，他的牙齿打着战，眼睛睁得大大的，看着他的弟弟，看得他弟弟怕起来。"篮子里还有一个苹果，你要不要？我愿意都给你。"那小的一个孩子继续说，他的双颊流满了泪。那个大孩子断断续续地颤抖着，渐渐变得僵硬起来，眼睛愈睁愈大，直挺挺地呆视着。

薛门见了这情形，马上把两个孩子载在骡背上，拿了篮子，后面跟着小羊，急急忙忙地赶回村里。

当不幸的妈妈看见约瑟夫，她亲爱的约瑟夫，在几小时以前还是好好的，欢欢喜喜地领着他的弟弟出去玩，而现在已经知觉不清，快要死了，这真是要粉碎她的心啊！"我的上帝！我的天呀！"她哭叫着，悲痛得像疯了，"请你让我死了，留下我的孩子吧！啊，我的约瑟夫！我可怜的约瑟夫啊！"她不停地亲吻着他，绝望地大声号哭着。

医生请来了，他找出了篮中还存留着的被误以为樱桃的黑浆果，查明了这起惨事的原因。"啊,伟大的上帝,这是杀人的颠茄①啊!"他低声叹息着说,"唉,太晚了!"他开了一服药,这服药有没有效果他也不敢断定,因为约瑟夫的毒已中得很深了。果然,一个钟头以后,当妈妈跪在床脚哭着祈祷的时候,一只小手从所盖的被单下面伸出来,触及她,她也昏了过去。这是最后的诀别:约瑟夫死了。

第二天,他们把这可怜的孩子葬了。全村的人都来送葬。爱密儿和喻儿送丧回来后悲伤得好几天没有想到去问他们的叔叔这次惨事的原因。

自从那件事情以后,小路易丝在家里玩的时候,时常忽然停止游戏哭起来,连他那美丽的小锡表也不要了。人们告诉他,约瑟夫到了一个很远的地方,他将来会回来的。"妈妈,"他有时说,"约瑟夫什么时候回来呢? 我一个人玩得厌了。"他的妈妈一面吻着他,一面撩起围裙的一角,盖住脸,热泪横流。"你不再爱约瑟夫了吗,妈妈? 我提到他的时候,你为什么要哭呢!"他的妈妈悲痛极了,可是她能做些什么呢!

————————

① 颠茄,原产于欧洲及亚洲西部,学名 Atropa Belladonna。颠茄是草本植物,多年生,叶呈卵型,花呈钟状,果实为浆果,黑色,是一种有毒植物。

五十七、毒草

可怜的约瑟夫之死使得全村都恐慌起来。倘若孩子们离家到田里去走动时，在他们回来之前，大人们总是提心吊胆。也许他们会碰到毒草，毒草都用花和浆果引诱着他们，要毒害他们。有许多人说得很对，最好的阻止这种可怕事情发生的方法，就是认识这些危险的草，并且教孩子们提防。大家都跑去找保罗先生，他的博学是人人敬佩的，他们请求他教他们认识邻近的毒草。因此，在星期日那天晚上，有许多人都聚集在保罗叔叔的屋子里。除了他的两个侄儿和一个侄女，老杰克和恩妈外，有薛门、磨粉的若望、长工安得里、种葡萄的菲列浦，还有安东因、马修等人。保罗叔叔前一天在乡下跑了一趟，采集了一些他要讲及的草。一大束毒草，有的开着花，有的结着浆果，都插在桌上的一只水瓶里。

"我的朋友们，"他开始说，"对于约瑟夫的不幸，我感到很悲痛，可是……唉！还是开始我们的话题，我希望我今晚所讲的在以后的生活中能对大家有所帮助。

颠茄

"这不幸孩子的死是由于颠茄，这是一种比较大的草，开红色钟形的花；浆果呈圆形，紫黑色，有点像樱桃；叶子呈卵形，叶端是尖的；草身有一种难闻的臭气，令人感到恶心。它的果实特别危险，因为它们的形状像樱桃，味道有点甜，能引诱孩子们去尝一尝。人一旦吃下中毒后，瞳孔会逐渐放大，眼神呆滞，好像一直盯着什么东西，这是中了颠茄毒的特征。"

保罗叔叔从水瓶中取出一枝颠茄来,给听众互相传递过去,使每个人都能仔细地端详这草。

"你说这草叫什么?"若望问。

"颠茄。"

"颠茄,哦,我识得这草。我时常在磨厂附近的荫蔽处看到它。谁会相信那些美丽的'樱桃'竟有这样可怕的毒!"

这时,安得里问:"颠茄是什么意思呢?"

"这是意大利语,意思是'美人'。据说从前女人们用这种草的汁使她们的脸保持洁白。

"那东西和我们的黑皮肤是无关的。和我们有关的是它那像樱桃一样的浆果,它能引诱我们的孩子。"

"倘若这种草生到牧场上来,家畜会不会有危险?"安东因接着问。

"动物们吃毒草是很少见的。它们会避开能伤害它们的草,一是由于草上臭气的警告,但主要是由于天性使然。

"这另外的一种有着大叶子的草是属于'Digitalis'①类。它的花是外面红而里面有紫白相间的斑点,排在一长条大球丛中的;它的茎干差不多高可及人。花的形状像长而粗胖的尾巴,或者粗胖的手指;它有许多不同的名称,那些名称都是强调这一特点的。"

"倘若我看得不错,"若望说,"这东西就是我们所说的'指顶花',在树林边有很多。"

"我们叫它指顶花也因为它像我们的大拇指。它在别的地方还有好多名称,也都是从手形上取的。Digitalis 是从拉丁文中借来

指顶花

———————————

① Digitalis,原产欧洲,越年生的草本植物,茎高至三四尺,花很大,很像手指或狐尾。因此有"指顶花""狐尾草"等名。花色红紫或白色,甚为美丽,欧洲人把它栽培作观赏植物之用。其叶有剧毒,可作为治心脏病的特效药。

的,意思也是说一种手指形的花。"

"美丽的花儿却是有毒的,这真是悲哀的事,"薛门插嘴说,"不过种在花园里倒是很美观。"

"不错,人们已经把它栽培在花园里作为一种观赏花了,但我们还得当心。至于我们,是没有闲工夫来看守花儿的,所以还是不要让孩子们接近它为妙。这种草的全部都是有毒的,它的毒能使心脏逐渐停止跳动。我们要知道,心不跳了,一切也就完了。

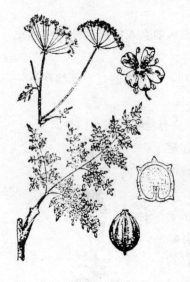

毒人参

"毒人参①还要来得危险。它的叶子很像山人参与荷兰芹的叶。由于相像,往往很容易造成极大的错误,因为这个可怕的草是生在篱笆里面的,甚至能生到我们的花园里去。虽然这样,但是它有一个极明显的特点,这个特点能使我们把这毒草与蔬菜分开:它的气味。薛门,请你把这叶草放在手掌上摩擦几下,然后闻一闻。"

"哦,"薛门闻后说,"这臭味很不好闻;山人参与荷兰芹是没有这样难闻的臭气的。我以为人们受到这股臭气的警告,总不会弄错了。"

"是的,他闻了便不会再弄错;可是那些不注意臭气的人们仍会把毒人参当作山人参或荷兰芹的。所以,我们以后得小心着,千万不敢弄错。"

"你帮了我们一个很大的忙,保罗先生,"若望说,"你使我们认识这些危险的草。我想我们不会把毒人参当作山人参或荷兰芹了。"

"毒人参共有两种。一种叫作大毒人参,生长在低湿的荒地上。它很像山人参,茎上有黑色或红色的斑点。另一种叫作小毒人参,很像荷兰芹。它生长在熟田、篱笆和花园里。这两种草都有难闻的气味。

---

① 毒人参(Hemlock),学名 Conium maculatum,原产欧洲,越年生草本植物,茎高三四尺,花小,白色,呈伞状。

"这是一棵极易辨认的毒草。它叫'白星海芋'（Arum），俗称'牛羊脚'。白星海芋在篱垣附近都有。它的叶子很宽，形状像一个枪头；花的样子像骡子的耳朵，或像一柄大的黄喇叭；花中心有一根肥胖的梗，好像干酪做的小指。这个奇怪的花后来结出一颗浆果，有豌豆那么大，呈鲜红色。这草的全部都有一种让人耐不住的辣味。"

白星海芋

"保罗先生，让我把我家小罗星有一天碰到的事告诉你，"马修插嘴说，"他从学校回家时，在篱笆旁看见那些大花，像是骡子的耳朵，就是你刚才讲的，花中心有肥胖的梗，在他看来好像是什么好吃的东西——你刚才把它比作干酪做的小手指。这个无知的小家伙真的被它的美丽吸引住了。他咬了那骗人的干酪指。啊哟！你知道他后来怎样了？不一会，他的舌头开始火辣辣地烧起来，好像是咬了一块红热的煤块。他回家时，我见他不断地吐着唾沫，做着鬼脸。自然，他以后是再也不会去咬了。幸好他没有把那东西吞掉。"

泽漆

"有一种大戟草①，茎折断了会流出奶汁样的白汁水，味道辛辣甚烈。大戟草的样子很平常，到处都有。它的花小而黄，生在一个头上，相同的花枝在茎顶上呈放射状。这草很容易从它的白奶水上辨认出来，当折断时这白奶水会流很多。这奶水是很危险的，即使放在皮肤上也很不安全，假使皮肤很细嫩的话。辛辣火烈的味道是它最大的特点。

"乌头②和指顶花一样，是一种美丽的草，人们常把它栽到花园里，虽

---

① 大戟草（Euphorbia），俗名"奶奶草"，形状与泽漆相同。但泽漆茎内的白汁并没有毒，大戟草则辛辣甚烈。因其形状相似，故有人误以为泽漆也属毒草。

② 乌头（Aconite），又名附子，生于山野中，多年生草本植物，茎高三四尺，地下有多肉之根，像萝卜而小一点。这植物的根和茎叶含有剧毒。

乌头

然它的毒性是很剧烈的。乌头生长在山上；它的花呈蓝色或黄色，形状像一顶头盔，生成极美观的一丛；它的叶子呈绿色，并且裂成放射状。乌头含有剧毒，因此有'狗毒'和'狼毒'之名。历史上，箭头和枪头（在长柄的一端装有尖锐的金属头的兵器）都是浸在乌头的汁里，这样在战争中更加能够使敌人致命。

"有时，我们的花园里种着一种灌木，它有大而有光泽的叶子，这叶子在冬天是不凋谢的，还生着卵形的和橡树果一般大的黑浆果。它叫作毒月桂。它的全身，叶、花、浆果都有苦杏仁和桃仁的气味。毒月桂的叶子有时被用来做乳酪和牛奶制品的香料，但用它时应该尽量小心，因为毒月桂是非常毒的，人们甚至说，只要在它的树荫下站一会儿，吸入了它的苦杏仁气味，便会感到不适。

"到了秋天，在低湿的地方，我们能够看到一种大而美丽的花，颜色呈玫瑰色或丁香色，这花单独从地底下生出，既没有茎又没有叶子。它名叫秋水仙，又名草地红，或名火炉红，因为它是在冬季到来时开花。倘若你们往地底下挖一些，便会知道这花是从一个较大的球茎上生出来的，球茎上生有一层棕色的皮。秋水仙是有毒的，因此牛羊家畜从不触及它。它的球茎毒性更大。

"我们今天讲了很多的有毒植物。好了，就到这里吧，再讲多了，恐怕也记不住。我的朋友们，下星期日，我希望你们再来，我把关于毒菌的事情告诉你们。"

五十八、花

是的,昨天当保罗叔叔把毒草的事情告诉他们时,他们都听得很专心。谁不愿再听关于花的事情呢?喻儿和克莱儿很想再听下去。昨天他们的叔叔指给他们看的花儿是怎样长成的呢?花里面所能看到的是什么呢?它们对于那些草本身有什么用处呢?在花园中的大接骨木之下,他们的叔叔给他们作了讲解。

"我们现在且从昨天讲过的指顶花讲起。这里就是一朵指顶花。你们看,它的形状差不多像是一个手指,或者说得更像一点儿,它是一顶长的尖帽子,即使爱密儿把它套在自己的小指头上,也还绰绰有余。它的颜色是紫红色的。红的手指从一个五瓣小叶子的圆圈中间长出来,这些小的叶子也属于花的一部分。这五瓣小叶聚在一起叫作花托,其余红的部分叫作花冠。记牢这两个词,你们还不曾知道过呢。"

"花冠就是花的有色部分;花托就是在花冠根盘上小叶子所形成的圆圈。"喻儿重复了一遍。

"大部分的花都是像这样一里一外地裹起来的。在外部的,称花托,差不多都是绿色的;在里面的,称花冠,都有美丽的颜色,很讨人喜欢。

"你们看这里的锦葵花,花托是五个小

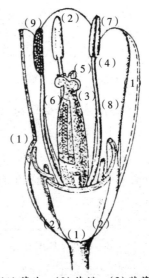

(1)萼片 (2)花瓣 (3)雌蕊
(4)雄蕊 (5)柱头 (6)子房
的一部分断面 (7)花粉
(8)花丝 (9)花粉的纵断面
花的结构

绿叶,花冠是五个紫红色的大瓣。每一瓣叫作一个花瓣(petal),五个花瓣聚起来组成花冠。"

"锦葵花的花冠有五个花瓣,而指顶花的只有一个。"克莱儿说。

"粗看起来好像是如此,但再仔细一看,你们便能看出它们都有五个。我要告诉你们,有许多花,它们的花瓣在芽中开始形成的时候,便相连起来,由于它们联合组成了一个花冠,看起来便好像只有一瓣了。但是,那种相连的花瓣的花边很多都是裂开的,或深或浅,由此就可看出连接的究竟有多少。

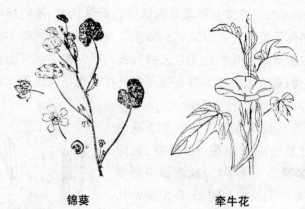

锦葵　　　　　　　　　　牵牛花

"你们看这个烟草花。花冠的形状像是一个圆桶形的漏斗,很显然只有一个花瓣,但是花边分成了五段,这些是花瓣的尖端,也就是说,烟草的花瓣和锦葵一样,有五个花瓣,只不过这五片花瓣不是各自独立的,而是相互连成一种漏斗的样子。

"有独立的花瓣的花冠,叫作离瓣花冠(Poly-petalous corolla)。"

"譬如像锦葵一类的花冠就是。"克莱儿说。

"还有梨花、杏花和草莓等的花冠也是。"喻儿补充说。

"喻儿还忘记几样好看的花呢,还有堇花和紫罗兰。"爱密儿说。

"花瓣都连接在一起的花冠,叫作合瓣花冠(Monopetalous corolla)。"保罗叔叔继续说。

"譬如指顶花和烟草花。"喻儿说。

"还有牵牛花,你不要忘记了啊,那美丽的喇叭样的白花,它是爬在篱笆上的。"爱密儿加一句。

"像这样的一枝花,我们要把连在一起的五个瓣分辨出来,也同样容易;这株花名叫金鱼草。"

"它为什么叫金鱼草呢?"爱密儿问。

"因为把它两边一捏,它便张开它的口,像一条金鱼那样。"

保罗叔叔使那花张起口来,在它手指的挤压下,花口一张一闭,好像金鱼在喝水。爱密儿看得发呆了。

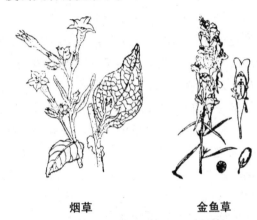

烟草　　　　　　　金鱼草

"这个口有上下两个嘴唇,上嘴唇给一个深的缺口一分为二,这是两个花瓣的标志,下嘴唇是一分为三,显示出三个花瓣。金鱼草的花冠虽然明明只有一个花瓣,可实际上也是五个花瓣合在一起接成的。"

"那么,"克莱儿说,"锦葵、梨花、扁桃花、指顶花、烟草花和金鱼草都是有五个花瓣的。五个花瓣不相连的分别是锦葵、梨花和扁桃花,而指顶花、金鱼草和烟草花的五瓣则是相连接的。"

"独立的或相连的五个花瓣,"保罗叔叔继续讲下去,"可以在许多种花里找到。"

"我们且回到花托上来。组成花托的小绿叶,叫作萼片(Sepal)。我们刚才看过的许多花里,萼片都有五片,锦葵有五片,烟草花有五片,指顶花有五片,金鱼草也有五片。花托的各部——萼片——也和花瓣一样,有时是独立的,有时是连在一起的,不过大都有几个缺口。

"萼片相互独立的花托,叫作分萼花托(Polysepalous calyx)。指顶花和金鱼草的花托便属于这一类。

"萼片连在一起的花托,叫作一萼花托(Monosepalous calyx),譬如烟草花的花托。从它边上的五个缺口看来，它是五个萼片连在一起组成的。"

"五这个数字一次又一次地遇到。"克莱儿说。

"我的孩子，一朵花无疑是一种美丽的东西，又是一件构造极精巧的小物件。它所有的东西都是依一定的法则计算过的，一切东西都是按着数目和尺度排成的。最普通的排法之一，便是五。那就是我们今天早晨所见的许多花都有五个花瓣和五个花托的缘故。

"另外我们常见的花瓣与花托，是三个。这大都是球茎类的花——郁金香、百合、野百合等。这些花没有绿色的盖或称花托，它们只有一个花冠，含有六个花瓣，三个在内圈，三个在外圈。

"花托和花冠是一朵花的衣冠，这衣冠有双重作用，既是防御气候损害的坚固屏障，同时又具有赏心悦目的色彩。外衣的花托形式简单，颜色柔和，构造坚固，适于抵抗不良的天气。它保护着尚未开放的花朵，以避开太阳，避免热和潮湿。我们仔细去看一朵玫瑰花或锦葵花的花苞，花托上的五个萼片联合着一片压在一片上，压得如此紧密。它们的边接得这样严密，甚至极细微的水滴也不能进入花苞。有种花儿的花托，每晚都闭起来，以抵挡寒风。

"内衣的花冠，兼有着形式上的优雅、色彩上的丰富和构造上的精密。这对于花儿，好像结婚礼服对于我们一样，那是特别惹眼的一部分，因此我们一般以为这是花的最主要部分，而实际上这不过是一个简单装饰的附属物。

"这两件衣服中，花托更加重要。有许多品味很好的花，知道怎样来分配悦人的部分——花冠，但它们也不放弃有实用的部分——花托，把花托弄成一片小小的叶，像是一个座盘，那是它最简单的形式了。没有花冠的花，眼睛不易看出，因此有些有着花的植物，我们看来好像没有花。这是一个错误，一切树木和草木都是有花的。"

"那么杨柳、橡树、白杨、松树、山毛榉、麦，还有许多别的草木，它们的花儿我为什么从没有见过呢?"喻儿问。

"杨柳、橡树和一切其他的树木都是有花的。它们的花儿很多很多，但是都很小且无花冠，所以不能引起我们的注意。无一例外，一切植物都有它们自己的花。"

五十九、果

"我们认识一个人，首先是看他衣服的颜色，一件某种布所做的衣服。我们认识花时，只有在它戴上了花冠、披上了花托，才能认识得更清楚。在这个花瓣包围之下的是什么呢？

"让我们一起来看一看这朵香紫兰花。它的萼片有四个，花瓣也有四个。我把这八片东西拿掉。现在所剩下来的是基本的部分；这些东西没有了，花儿便失去它的作用，将会变得完全无用了。我们再把这剩余的部分细心地看一看，费这点儿工夫是很值得的。

"第一，这里有六根小白梗，每一根梗的顶端结着一个装满了黄色粉末的袋子。这六根东西叫作雄蕊。这东西在各种花中都有，香紫兰花有六根：四根长的成对地排着，另外两根是短的。

"雄蕊顶上的香袋子，叫作花粉袋。花粉袋里所装的粉末，叫作花粉。紫罗兰花、百合花和其他植物的花粉大都是黄色的，而罂粟花的花粉是灰色的。"

"你以前早已告诉过我们了，"喻儿插嘴说，"森林中的风所刮的花粉云是被人看作硫黄雨的真实原因。"

"我把这六根雄蕊拔去。现在只剩一个中心身体，底里凸起来，顶端很窄，端上结成一个黏湿的头。这中心身体的全部叫作雌蕊，凸起在底里的东西叫作子房，顶上黏湿头则叫作柱头。

"这些小东西的名字真多啊！"喻儿说。

"小东西，是的，却是重要无比的，这些小东西给了我们日常的面包，没有这些小东西，我们都会饿死的。"

"那么我要注意点儿来记住它们的名称。"

"我也要记住它们，"爱密儿说，"你一定要把它们再说一遍，它们是很难记的。"

保罗叔叔开始重说,喻儿和爱密儿跟在他后面念:雄蕊、花粉袋、花粉、雌蕊、柱头、子房。

"我用刀把这朵香紫兰花剖开,剖开的子房让我们能够看见里头是什么。"

"我看见被剖开的花里排列着整齐的小粒。"喻儿观察后说。

"你们知道那小到看不清楚的小粒是什么东西吗?"

"不知道。"

"它们是这植物未来的种子,子房是一棵植物制造种子的部分。到了一定时期,花儿萎谢了;花瓣衰落下来;花托也如此,或者暂时留着当一个保护者;干的雌蕊裂开,只有子房留着逐渐长大,成熟,最后结成果子。

"每一种果子——梨、苹果、杏、桃、胡桃、樱桃、瓜类、草莓、扁桃、栗子——开始时都是一个小小的凸起的雄蕊,所有这些精巧的东西,植物所供给我们做食品的,起初都是子房。"

"一个梨子是由一朵梨花的子房长出来的吗?"

"是的,我的孩子。梨、苹果、樱桃、杏都是由各自花里的子房长出来的。"保罗叔叔摘了一朵杏花,用他的刀子把花切开,指给孩子们看。

"你们看,在这朵花的花蕊里,雌蕊被许多雄蕊包围着。结在顶上的头就是柱头,底下胖胖的是子房,是未来

栗子

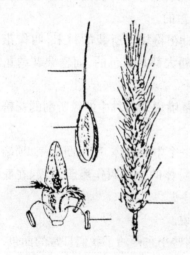

大麦

的杏。"

"杏很甜,我很喜欢吃,那绿色的东西将来会变成杏吗?"爱密儿问。

"那个细小的绿东西,会变成爱密儿很喜欢吃的杏。现在你们要看给我们提供面包的子房吗?"

"呀,是的! 这一切东西是很稀奇的。"喻儿答。

"比稀奇更好,它还很重要。"

保罗叔叔向克莱儿要了一根针,耐心地从许多麦花中挑了一朵出来。挑在针尖上的精巧的小花,很清楚地显出了组成花的各部分。

"这种给我们提供面包的宝贵的植物没有一点儿工夫来装饰自己。它负着非常重大的使命:它要养育全世界的生命! 你们看它穿得多么朴素啊! 它只有两枚可怜的鳞片,权作为花托与花冠,你们可以很容易地辨认出三根撑着的雄蕊,头上有装着花粉的双重香袋。这朵花儿的主要部分是樽形的子房,子房成熟时,便是一粒麦子。子房下有着柱头,形状像一双非常精致的羽毛。我的孩子们,我们要尊敬它:这卑微的小花是要供养我们的!"

六十、花 粉

"一朵花儿在几日内，甚至在几个钟头之内便会凋谢。雌蕊、雄蕊、花托等，都随之枯萎而死。只有一样东西是残存着的：那就是子房，它将来要变成果子。

"子房为了比花朵的其他部分活得长久，为了其他部分都枯干谢去之后它还留在茎上，它在花朵开到最旺盛的时候，受到了力的补充，差不多可以说是补充了一个新的生命。花冠的雄姿，它华丽的色彩，它的香气，都是来致贺那神圣而严肃的时刻——当这个新的生命力输送给子房的时候的。这伟大的工作一完成，花儿便完成了它的使命。

"原来是那花粉，那雄蕊上的黄色粉末，增加了力的供给；没有了这东西，生长中的种子便会夭折在子房里。花粉从雄蕊跌落到雌蕊上，雌蕊时常覆着一种黏汁，足以粘住雄蕊的花粉；在雌蕊上，花粉发挥它神奇的作用，为子房的深处所感受。有了这个新生命的鼓励，生长中的种子便迅速地发育起来，同时子房也涨大起来，以便给它们必要的空间。这一段不可思议的经历的最后结果，便是形成了果实，里面装着预备重新抽芽生长新植物的种子。你们不要再往下问这些稀奇的事情了，即使最锐利的观察者，也不能看得很清楚。只有最聪明的大自然自己知道，一粒花粉怎样能够产生以前所没有的东西，并且能够使得子房感受到生命元素的活动。

"我现在要告诉你们，我们是怎样知道花粉跌落在雌蕊上的，这对于从子房发育成果实是必不可少的。

"大部分的花都是雌蕊和雄蕊在同一朵花里，我们刚才所看见的花儿都属于这类。但也有几种植物，它们的雄蕊和雌蕊不在同一朵花里，它们的花有雌雄之分，有雄蕊的花叫雄花，有雌蕊的花叫雌花。有的雌花和雄花同生在一株上——雌雄同株植物；有的则分生在两株上——雌雄异株植物。像南瓜、黄金瓜和西瓜等都是雌雄同株植物,而皂荚树、枣树和大麻等都是雌雄异株植物。

皂荚树的花枝

"皂荚树生在南方。它的果实呈荚形,如豌豆那样,褐色,长而肥。果实除了种子以外,还有一种甜味的果肉。倘若气候适宜,我们可在我们的花园里种皂荚树。那么我们应该种哪一种皂荚树呢?自然是种开雌花的树,因为只有它的花有子房,将来会变成皂荚。但这样还不够,只种了有雌蕊花的皂荚树,虽然每年都能盛开极其繁茂的花,但不能结一个皂荚,因为它的花都会萎谢掉,不留一个子房在枝上。其中缺少了什么呢?缺少了花粉的作用。倘若我们在有雌蕊的皂荚树旁种上一株有雄蕊花的皂荚树,那么便会有如我们预期那样的结果了。风儿和虫儿从雄蕊中带了花粉,搬到雌蕊里去,瘦弱的雌蕊便活跃起来了,皂荚也就能结出来了。有了花粉便结果;没有花粉便没有果实。喻儿,你相信吗?"

"相信,自然相信的,叔叔,只不过很不幸,我们不认识皂荚树。我希望认识一样我们自己园子内有的植物。"

"好吧,我将告诉你们一种植物,使你们能够证实我刚才讲给你们听的话,但先让我再举一个例子。

"枣树也和皂荚树一样,是雌雄异株的。阿拉伯人种了,收取它的果实——枣,作为他们的主要食物。"

"枣就是一种形状长而有甜味的果子,干了放在盒子里的。"喻儿说,"上一回赶集时,有一个土耳其人在出售枣。枣肉是长的,而且沿着一头到另一头都裂开着。"

"就是那个。种枣树的地方是给太阳烧灼着的沙漠地,有水和沃土的地方很少。那些有水和沃土的地方,是沙漠中的'水草地'。这种水草地是需要尽量利用的。因此阿拉伯人只种有雌蕊花的枣树,只有这一种树是会结枣的。当它们开花的时候,阿拉伯人便老远地赶出去找寻有雄

枣椰子

蕊花的野枣树，把雄蕊里的花粉摇在他们所种的枣树上。没有这些准备工作，收获是无望的。"

"保罗叔叔讲得真好，"爱密儿插嘴说，"我以后要把花粉和子房一样小心地保护起来。没有了花粉，我便不能再吃吸长烟管的土耳其人的枣；没有了花粉，便不再有杏和樱桃了。"

"在花园里，种着一长条南瓜藤，快要开花了。我将拿来给你们做下面一个实验。

"南瓜是雌雄同株植物。在花开之前，很容易辨出花的雌雄来。有雌蕊的花，在花冠之下有一个膨胀隆起的东西，差不多一个胡桃般大。这个膨胀物就是子房，是将来的南瓜。有雄蕊的花是没有这个膨胀物的。

"在花开之前，把有雄蕊的花儿都摘去，留下只有雌蕊的花。倘若要更保险一点儿，可以把每一朵有雌蕊的花都用细纱包起来。包的纱应当很大，要能让花朵完全开放。这样，你们知道将有什么结果吗？雌蕊花受不到花粉了，因为雄蕊花都已摘去，还有那纱包裹着，阻止虫儿从邻近花园里把花粉带来。这样，有雌蕊的花开放之后，便枯萎了，这藤上再也结不出南瓜来了。

"你们要不要相反的结果，依着你们自己的喜好，指定某一朵花，不管它们有没有包纱罩，有没有雄蕊花，都能结出南瓜来。只需用你的手指尖从摘下来的雄蕊花中取一点儿花粉，放在雌蕊花的柱头上，然后再用纱包起来。得了，南瓜就可以成了。"

"你肯让我们来做这个有趣的实验吗？"喻儿问。

"当然，我把这条南瓜藤送给你们。"

"我有几块纱。"克莱儿自告奋勇地说。

"我有线，可以把它缚起来。"爱密儿说。

"大家来呀！"喻儿叫着。

于是，三个孩子快乐得像三只小鸟似的，跑到花园里去，开始做实验了。

六十一、土蜂

有花粉的花被摘掉了，个别有子房的花被包裹在纱袋里，还有四五朵雌花被人工授了粉。每天早晨，他们都要去瓜藤边看看，看看他们的实验进行得如何。这事情恰如他们叔叔所说的那样：柱头上授到花粉的子房都长成了南瓜，没有受到花粉的都干瘪了。对于他们，这次实验既是严肃的研究，同时又是一种欢快的娱乐——保罗叔叔继续讲花的故事：

"花粉用各种方法到达柱头。有的时候是较长的雄蕊因它的重量而落到较短的雌蕊上；有时候是花受到震动，花粉落到柱头上；或者花粉被风或虫儿等带到很远的地方去，滋养别的子房。

"有许多花的雄蕊，样子刚好生得足以完成它们的使命。它们不断地弯下去，把它们的花粉袋弯到柱头上，放一些花粉在那里，然后慢慢地升起来各自分离。它们可以比作一群臣子，环绕着国王陛下，献出他们的贡奉。朝贺完了之后，雄蕊的任务也就完成了。花谢了，子房开始长大起来。

"苦草是一种生在水底的草。在中国江南一带的淡水河中这种草是很普通的。它的叶子像绿丝带。这草是雌雄异株的，就是雄花和雌花生在两株上。雌花开在长而紧紧地圈成螺线形的茎上，雄花只有很短的茎。在水底下，流水能把花粉带走，不让它黏在柱头上，雄蕊对于雌蕊激发生命的作用就不能发挥了，因此苦草不得不把

雄　　　　雌

苦草

它们的花开到水面上来，在空气中开花。这对于雌花是容易的，它只要把支持花的螺形茎伸直，花便能露出水面，但是雄花的茎很短，紧贴在底下，它将怎么办呢？"

"我说不出。"喻儿说。

"用它们自己的力量，一点儿没有外来的帮助，它们从生根的地方挣脱着浮上水面，朝见雌花。它们张开它们的小花冠，把花粉撒在风中，或让虫儿们带去，放在柱头上。此后，它们便死亡了，流水把它们带走了。同时受了花粉获得新生命的雌花重新卷起来，再沉下水去，等它们的子房成熟。"

"叔叔，这真是稀奇啊！那些小花是知道它们应当做什么的。"

"它们并不知道它们在做些什么，它们只不过机械地服从着自己的法则，顺从地做着困难的工作，并且知道如何在一株简单的草上成就奇迹。你们喜欢再听另外一个实例吗？让我们再从金鱼草讲起，看看大自然的智慧。

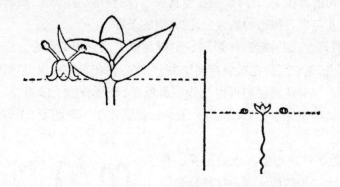

借水力传布花粉受精的苦草

"昆虫是花儿的帮手。苍蝇、胡蜂、蜜蜂、土蜂、甲虫、蝴蝶都相互竞争着帮助把雄蕊中的花粉搬到柱头上去。它们都被特别预备在花冠底下的一滴蜜汁所引诱，深深地进入到花朵里去。它们在用力吸取的时候，摇动着雄蕊，沾得一身的花粉，它们便带着花粉从一朵花到另一朵花里去。谁没有见过从花心里出来的土蜂身上沾满了花粉呢？它们毛茸茸的肚子沾满了花粉，只需轻轻触一触柱头，便可把生命输送给花儿。在一株盛开着梨花的梨树上，你们可以看见许多的蜜蜂、蝴蝶以及其他的飞虫,它们时而飞起,时而落到花上。这是一次三头的聚餐,我的朋友:一头是爬入花心的昆虫;一头是梨树自己,它的子房被这些快乐的小东西注入了新的生命;还有一头是收获的人类。昆虫是最好的花粉传播者,这是大自然智慧的体现。"

"你说要用纱袋把南瓜花包起来,是为了预防邻园里的虫儿把花粉带来吗?"爱密儿问。

"是的,我的孩子。没有了这个预防,南瓜的实验是一定不会成功的,因为昆虫也许是从很远的地方飞来的,带着别的南瓜花上的花粉,把它放在我们的花上。而且所需的花粉极少,只需几粒花粉,便足以给一个子房注入新的生命。

"为了引诱昆虫,每一朵花儿的花冠底下,都有一滴甜汁,名叫花蜜。蜜蜂就是用这种汁酿蜜的。蝴蝶要从一个深漏斗形的花冠里吸取那甜汁出来,就需要有一张很长的嘴,不用的时候卷起来,但它们要得到那甜美的饮料时,便伸展开来,像一根吸管一样深入花朵深处。昆虫是看不到蜜汁的,但它们知道哪里有,并且毫不费力地找到它。但对有些花来说则困难很大,因为那些花的各部分都是紧闭着的。这些宝藏如何去开发呢?如何找到通向蜜汁去的路呢?原来这些紧闭着的花儿都另外挂着一块指路牌,上面清清楚楚地写着:由此进。"

"这个你不能使我们相信了!"克莱儿说。

"我不是在使你们相信一切东西,我的好孩子,我是在指给你们看啊。你们看这株金鱼草的花。它是紧闭着的,它抿着的两片嘴唇中间是没有进路的,但是你们看见了没有,这个黄斑点,是不是在紫红色中特别醒目?这就是一个标志,是我告诉你们的指路牌。它用鲜亮的黄色说出:这里是钥匙孔。

"把你们的小指压在这斑点上。你们看,这花马上开了,这是秘密锁的工作。你们以为土蜂不知道吗?你们在花园里看着,便会看出它是怎样地读出这花的记号来的。当它拜访一朵金鱼草的花时,它直接停在黄色的斑点上,不会到别处去。门开了,它便进去。它在花冠里翻来覆去地满身沾满了花粉,它就用这花粉去抹在柱头上。它吸饱了甜汁后,便跑到别的花上去开门,开门的秘诀它是完全知道的。

"一切紧闭着的花儿都像金鱼草那样,有一个明显的标志——一个醒目的斑点,这是一个记号,指示给昆虫到花冠去的路,并且对它们说:由此进。最后,昆虫们的职责是在寻访花儿时,使得雄蕊上的花粉能够落到柱头上,它们有识得这个斑点的智慧。它们是在这上面用力,使得花儿开门的。

　　"让我们把刚才所讲的要点再说一说。花儿需要昆虫带花粉到柱头上去,特地为这个缘故而酿造了一滴蜜汁,引诱昆虫们钻进花冠里去;一个醒目的标志,把进路指示给它们。除非我们笨拙透顶,否则我们可以注意到一大串事实。最后,我的孩子们,你们将会听见许多人说:这世界是偶然碰巧的产物,没有智慧控制着,也没有大自然指引着。对于这些人,我的朋友,你们把金鱼草指给他们看,倘若他们的眼睛没有粗陋的土蜂那样锐利,他们是不会懂得的,可怜他们吧:他们有的是不健全的头脑。"

六十二、菌

当他们讲着昆虫和花儿的时候,时间过得很快,不知不觉地已到了星期日。这天保罗叔叔要讲关于菌的话题了,聚来的人比第一次还要多。毒草的故事已经在全村传遍了。有几个人满足于自己的笨拙无知,曾说道:"这有什么用处?""用处?"另一个人回答说,"它可以教我们避开毒草,不至于像可怜的约瑟夫那样惨死了。"但是那种安于无知的人,仍然流露着满足的神气走了。世界上没有比愚笨再能满足自己了。因此,只有自愿要听的人们才跑到保罗叔叔这里来。

"在一切毒草之中,我的朋友们,"他开始说,"菌是最最可怕的,但有几种菌却能提供鲜美的美餐,引诱最谨慎的人。"

"就我来说,"薛门说,"我承认,没有别的东西比得上一碟菌那般的鲜美了。"

"不会有人怪你馋嘴的,因为我刚才也说过,菌能够引诱最谨慎的人。我并不想把它说得毫无用处。我完全知道,这东西是法国的一种财源;我只不过要告诉大家如何防备那些有毒的菌。"

"你是在教我们把好的和坏的分辨出来吗?"马修问。

"不,那对于我们是不可能的。"

"怎么不可能? 人人都知道,你能够很安心地吃生长在某一种树下的菌。"

"在答复这一个问题之前,我要向大家陈述,并且问:你们相信我的话吗? 你们有没有想过,那费了毕生精力研究这种东西的人比那些传闻要来得更可靠呢?"

"你讲吧,保罗先生,我们大家都相信你的话。"薛门代表大家回答。

"那么好,我确确凿凿地对你们说,对于不是专家的我们,要把可食

179

的菌和有毒的菌分辨出来是不可能的,因为没有人能够有一个标准来说这是可吃的,那是不可吃的。既不是土地的性质,也不是它们所生长的树的原因,更不是由它们的形状、颜色、味道、香气来决定的,这些都不能告诉我们什么,不能使我们从外表便可分辨出有毒或无毒来。我承认,一个精心研究菌的人能够十分确定地把有毒菌与无毒菌分辨出来,就好像人们能分辨草和庄稼一样,但是我们能做这样的研究吗?我们有时间吗?我们所知道的草还很少,哪里能判断种类繁多而又非常近似的菌的性质呢?

"我马上要接着说,在每一个地方,人们的经验已把几种可食用的无毒菌告诉了我们,但这还不足以使我们免除掉一切的危险。这是非常容易弄错的!你们跑到另一个地方去,碰到了另一种菌,这种菌刚好和你们已知可食的菌好像属于同一类,这便危险了。我所信任的辨认方法是绝对的:你们必须注意一切的菌,这需要万分的谨慎。"

"我同意,"薛门说,"我们要一看便分辨出食用菌和有毒菌是不可能的,但是我们有判断有毒无毒的方法。"

"告诉我们是怎样的。"

"到了秋天,我们把菌割成小块,把它放在太阳下面晒。它们是冬天的好菜。有毒的菌没有干便烂掉了,好的可以收藏起来。"

"错了。一切菌,好与坏的不同,是要看其生长的情形而定,而可收

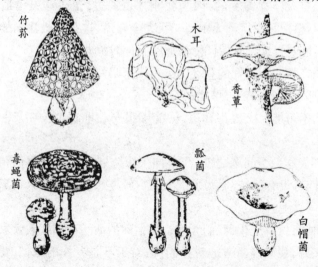

竹荪　木耳　香蕈　毒蝇菌　瓢菌　白帽菌

藏与腐烂则是由晒干时的气候决定。你那样来定性是不对的。"

"虫敢蛀好的菌，"安东因这时插嘴说，"而不敢攻击坏的菌，因为坏菌会毒杀它们。"

"这个定性方法并不比前一个来得高明。虫儿能蛀食一切的老菌，好的和坏的都一视同仁，因为对于我们会致命，对它们却一点儿没有害处。它们的肚子是生就吃毒物无碍的。某种昆虫专吃乌头、实芰答里斯、颠茄，它吃着能杀死我们的东西，而一点儿无恙。"

"有些人说，"若望插嘴说，"在烹菌的时候，用一把银匙放下去，倘若菌是有毒的，那么银匙就会变黑，没有毒便依然是白的。"

"这是句傻话，这样做的人是一个傻子。银子无论在好的和坏的菌中，颜色都不会有什么变化。"

"照这样说来，是一点儿没有办法了，只有把它们丢掉。丢掉，我实在有点儿舍不得。"薛门说。

"不，不是的，恰恰相反。我可以教你，不过做时要特别谨慎。

"菌里的毒，并不是菌的肉有毒，而是它全身的汁。只要把这汁去掉，毒质便马上没有了。你们只需把干的或鲜的菌切成小块，加一把盐放入沸水里煮。然后盛起来放在滤器里，在冷水里洗上两三次。这些做完以后，它们便可照着我们的意思，随便煮食了。

松蕈

"倘若，相反的，菌没有先在沸盐水里煮过，我们便拿来吃，那么就是很危险的。

"把它们放在盐水里煮，以解菌毒，是非常有效的，有人为了要解决这个严重的问题，英勇地用我刚才告诉你们的方法把预备好的最毒的菌吃了几个月。"

"他们后来怎样呢？"薛门问。

"没有问题，这是真的！这些人预备毒菌时，费了很大心思。"

"这是有道理的。照你的说法，人们是不是可以食用一切菌，无须加以分辨呢？"

"一般说来，这是对的，但是还有危险。不完全煮熟烧透，都是可怕的。我只不过是叫你们把邻近有名的菌先在沸水里煮一遍。假使偶然有些毒菌在内，它的毒经过这一番清除，也就消去了，不再会惹祸了，这个我可以担保。"

"保罗先生，你刚才教我们的话是极有用处的。我们难道能够肯定地说，我们所采集的菌没有毒吗？"

大家都走了。薛门在临走时到恩妈那里，和她更详细地谈了烹饪的方法。

他是非常喜欢吃菌的，这个可爱的人！

六十三、在森林中

菌的故事引出了一条烹饪的法则,告诉我们怎样消除危险。薛门、马修、若望和其他人都没有时间再来听讲,但是爱密儿、喻儿和克莱儿是不会满足的,他们还想多知道一些关于这个奇怪植物的事情。他们在叔叔的带领下来到了村旁的一片榉树林里。

几百岁的老树,它们的枝丫在很高的地方相接着,形成了一个枝叶的拱门,阳光从拱门上照射下来。白色而光滑的树干好像是许多巨大的擎柱,支撑着一座充满了阴森和静寂的大厦。树上,乌鸦一边叫着,一边梳理着羽毛。红头绿身的啄木鸟做着它神奇的工作,用嘴啄着虫蛀的树,逼使它要吃的虫儿钻出来,它惊叫一声,像箭一般地飞掉了。地面上的苔藓中,随处可见许多的菌,有的是滚圆、光滑和白色的。喻儿并不十分地欣羡,他把那些白菌想象成鸡蛋,是一些游荡的母鸡生在苔洞里的。别的一些菌红得有光泽,还有一些是鲜明的鹿皮色,又有一些是亮黄色的。有几个菌刚从地下生出来,包裹在一种袋子里,菌生长时要把它胀破的;有几种菌则已开放得很足,像一柄撑开的伞了;还有许多菌已经开始萎落。在那些腐臭的菌中,聚集着无数的小蛆,它们将来都会变成昆虫。他们采集了主要的菌后,便在一棵山毛榉下面的苔毡上坐下来。保罗叔叔说:

"菌是一种生长在地下的植物的花,学者们把这植物叫作'菌丝'。这种地下植物是由白色、细微、脆弱的

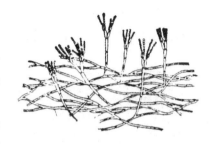

菌丝

线组成,整体像一个大蛛网。倘若你们把一个菌小心地拔起来,你们便可在它的柄根上,泥土所系的地方看到菌丝的许多白色线条。我们且来想象一株玫瑰树,把它种得只有花朵露出地面。埋在地下的玫瑰树可以代表地下的菌丝,在空气中的花朵就代表菌丝的花——就是菌。"

"一株玫瑰树有着强固的满盖着绿叶的树枝;而菌据我所看到的,是没有这一类东西的。这是一种发霉的毛毛,像白的脉似的叉开在地上。"喻儿反驳着说。

"那些白的脉是极为精致的,人们在触及时不使它们断裂是很困难的,它们就是地下的植物,没有叶也没有根。它们一点儿一点儿地在地下伸展开,离出发点往往很远。然后,到了一个适宜的时候,那些白脉便产生小的膨胀的瘤,这些瘤转变成菌,钻出地面,在空气中开放出来。这个构造告诉我们,为什么菌类是群生的。菌丝所生的每一群菌,实际上是从同一个植物身上生出来的。"

"我看见许多群菌,生成一个圆圈。"克莱儿说。

"倘若土地的性质是一样的,一点儿没有阻碍这地下植物向四面分布,那么菌丝向各方向的生长速度就是相同的,结果便会产生菌的圆圈,乡下人往往把它叫作妖怪圈。"

"什么妖怪圈?"喻儿问。

"那些无知与迷信的人们以为是妖怪的魔法排成了这个奇异的圆圈,其实这只不过是地下植物向各个方向平均发展的自然结果而已。"

"这样说来,世界上是没有妖怪的了?"爱密儿问。

"当然没有,亲爱的。那些都是骗人的,专骗那些无知与迷信的人。"

"既然菌是一种地下植物——即你所说的菌丝的花,那么它不是该有雄蕊、雌蕊和子房吗?"喻儿问。

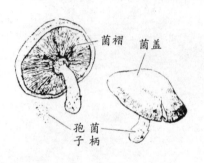

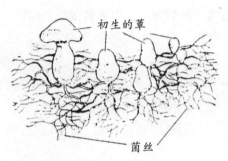

"虽说菌是一种植物的花,但它的构造与普通的花是不同的。它的构造很特别、很复杂、很稀奇,这点我不会再讲下去,以免你们听得太多,不能完全记住。

"你们知道,一朵花的主要作用是在于生子。菌也要生子,但它非常小,和别的花籽不同,它有一个特别的名称——'孢子'。孢子是菌的子,好像橡实是橡树的子一样。这个东西倒值得我再进一步说明。

"我们最熟悉的一种菌,上面有一个圆盖,下面有一根柄。这个圆盖叫作菌的帽子。帽子的里面有各种不同的样子,这些样子中主要有这几种:有的是许多线状物从中心放射到边际上;有的是穿着无数的小孔,这些小孔像是一个公共的地方聚来的许多细管的小口;有的是盖着很细的针尖,像一只猫的舌头那样。

"帽子里面由放射线状物组成的菌叫平菌,穿着小孔的菌叫多孔菌,盖满小尖刺的叫茅菌,其中以平菌和多孔菌最为普通。"

说到这里,保罗叔叔把他们刚才所采集的许多菌一一取出来,把平菌的线状物、多孔菌的小孔和茅菌的尖刺指给他的侄儿们看。

六十四、橘红菌

　　"菌的子,或称孢子,是在这些放射状的线形物上、尖刺上和细管的壁上生成的,这些小孔是细的管口。我把下面的一个实验推荐给喻儿。今天晚上,我们可以把一些帽子尚未开足的菌放在一张白纸上。经过一夜,便会开谢,熟的子便会从平菌的褶皱和多孔菌的细管里掉出来。明天早晨,我们便可以在纸上看到一些细小的眼睛不易看见的粉末,依菌的品种,有红色、玫瑰色、褐色等。

　　"这些粉末不是别的,就是一堆菌的子,一堆孢子,非常细微,细微到只有在显微镜下才能分辨出来,而且数量极多,有千百万吧。"

　　"显微镜?"爱密儿插嘴说,"是不是那种你常用来看眼睛不易看见的东西的仪器?"

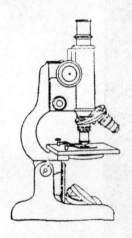

显微镜

　　"是的。显微镜能把事物扩大,把它们结构的详细情形呈现给我们,虽然它们小到肉眼看不见。"

　　"我把菌的孢子聚在一张纸上以后,你能把它用显微镜显给我们看吗?"喻儿问。

　　"我可以显给你们看的。在适宜的温度与湿度的条件下,只需一个孢子便足以抽芽发育成白线或称菌丝,到了一定时间,从这上面会生出无数的菌来。倘若从一个平菌的褶皱壁上落下来的孢子全部都抽芽生菌,那么可生出多少菌呢?这里,我们又引来了鳖鱼、木虱和许多微弱动物的故事,它们都能再生出它们的同类至不计其数之多。"

"那么我们要多少菌,只需把孢子种下去
就行了,是不是?"喻儿问。

"那样你便错了,我的好孩子。一直到现
在,菌的种植还不可能,因为采集那极细微的
孢子的方法我们还不曾知道,或者说还超出
我们的能力之外。现在只有一种可食的菌能
够种,但这种菌我们还不是用它的孢子,而是
用它的菌丝。

"人们叫这种菌为'温床菌'。它是一种
平菌,面上洁白,里面呈淡红色。有人在巴黎
附近的老石坑里用马粪柔土做温床。在这些

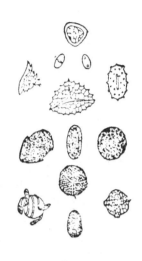

孢子

温床里,人们把园艺家所谓菌卵的菌丝放在其中。这种卵便叉分开来,
生出无数细丝,最后从这些丝上生出菌来。"

"味道很鲜美吗?"

"鲜美极了。现在,来看我们所采集的菌吧。

"先看这个。这是一个平菌。帽的上面是一种美丽的橘红色,里面
的褶皱线是黄色的。菌柄是从一种边缘上裂破的白袋底下生出来的。
这个袋名叫外皮,最初是把整个菌包裹在里面。在钻出地面时,菌帽把
它挣破。人们说这一种是菌中最好的、最珍贵的,叫作橘红菌。

"还有一种平菌,也是橘红色,柄上也有一个袋子或外皮,叫假橘红
菌(毒红菌)。你们看看,它们是不是属于同一类?"

"在我看来,没有多大的分别。"克莱儿回答说。

毒红菌

"我也一点儿看不出。"爱密儿说。

"我看出一个不同来了,"喻儿说,"第二个平菌的皱纹是白色的,而第一个是黄色的。"

"很好!我还要补充些:假橘红菌帽子的上面布满了细条的白皮,那是裂破的外皮的碎片,而橘红菌没有这种碎片,就是有也很少。

"倘若我们没有注意到这细微的不同,便会导致致命的错误。第一种菌的味道很好;第二种毒红菌是一种杀人的毒物。"

"我不再觉得奇怪了。"喻儿说,"你告诉薛门说,我们不经过长期的研究要想辨别出好坏来是不可能的。这里的两种菌,差不多好像是两滴水:一滴能杀人,而另一滴则很甜美。"

"没有一年能够安稳地度过,因为这两种菌的混乱,不断地发生着悲惨的中毒死亡的事情。你们要牢牢记着它们的特征,以免将来你们自身弄出这种可怕的错误来。"

"我会牢记它们的。"喻儿答应说,"两种橘红菌都是橘红色,都有一个白色的外皮或袋。食用的橘红菌有着黄色的皱纹,而有毒菌的皱纹是白色的。"

"还有,"爱密儿说,"毒红菌的帽子上有许多白皮碎片。"

"再看这种我从一棵树的树干上采来的菌。这是一种暗红色的多孔菌。它没有柄,是用身子的一面紧贴在老树干上的。这种菌叫火绒菌,因为把它的肉切成薄片放在太阳下晒干再用锤子击软以后,便做成火绒了。"

"我真是做梦也想不到,原来打火用的火绒是菌做的。"喻儿说。

"麻菇是食用菌中最重要的。它像生它的菌丝一样,生在地下。它的香味吸引人们找到它,人们用一头嗅觉灵敏的猪找它。人们把猪牵到森林里去,猪嗅到了地下菌的香气后,便用它的鼻子在麻菇所藏的地方掘下去。这时,人们便把猪驱开,但为了安慰它,赏给它一个栗子吃。人们在这地点掘下去,最后,那珍贵的菌便被掘出来了。麻菇的形状看来并不像普通的菌那样,它的身子是粗胖而皱襞的,黑的肉上生着白色的斑点。"

六十五、地 震

大清早，家家户户都说着同一件事情。老杰克说，大约在半夜两点钟，他被牛羊的哞叫声惊醒了，这样有两三次。甚至阿卓，那只乖乖的老牛阿卓，平常不太打扰他，总是安安静静地躲在牛栏一角一声不响，但昨晚也叫得厉害。老杰克曾经起身点了灯笼出去察看，但没发现原因。

睡觉很容易惊醒的恩妈讲了较详细的一段话。她听见碗橱里的碗碟响个不停，有几只碟子甚至滚下地来摔碎了。恩妈以为是猫儿闯了祸，但同时她觉得好像有只强而有力的手握住了她的床铺，从头到脚，再从脚到头地摇撼了两次，但时间很短，不过半支烟的工夫。这位老妇人害怕极了，用被子盖住头，把自己的灵魂交给了上帝。

马修和他的儿子这时候不在家里，他们正赶集回来，走着夜路。天气很好——没有风，月光皎洁。他们正在谈论他们的生意时，突然听到一阵笨重而沉闷的声音从地下发出来。这声音像是大水坝的怒号。同时，他们俩摇晃个不停，好像脚下的地已经不存在了。摇晃一会儿便过去了。月亮依然明亮，午夜平和而静穆，这事情仅一霎便完了，马修和他的儿子怀疑他们是不是在梦中。

这些不过是所传说的比较严重的情形。他们说着，有些带着怀疑的微笑，有些沉默地想着那个可怕的词："地震！"

晚上，保罗叔叔被他的小听众包围着，大家渴望他解说白天哄传着的重大事件。

"叔叔，大地有时会震动，这是怎么回事?"喻儿问。

"孩子们，那是千真万确的。有时在这里，有时在那里，大地忽然动了。在我们这个幸福的国家里，我们离这些可怕的大地的震动实际还很远呢。倘若偶然觉得有一些震动，大家便怀着满腔的好奇心，讲上好几天,然后才能淡忘,但实际上并没有真正了解它。殊不知大地使我们觉察到的轻微的震动,在它的暴力之下,也能够把可怕的灾祸带来。老杰克告诉你们牲口和老牛阿卓的哞叫。恩妈也说给你们听,当她的床铺震动的时候,她是如何的害怕。实际上并没有很可怕的事,但是地震并不是永远不会出乱子的。"

"那么地震是很严重的吗?"喻儿问,"但我以为,这不过是滚掉几只碟子,翻倒几种器具罢了。"

"在我看来,倘若动得太厉害了,房屋也会倒掉的。"克莱儿说。

"地震之前,常常是先传来地下的声音,是一种沉重的隆隆声,时作时停,好像是地皮底下起了暴风雨。在这充满了威吓的神秘的隆隆声中,好多动物由于本能的警告,疯狂地乱窜乱叫,每一个人都惊慌失色了。突然间,大地震撼了,隆起来又陷下去,震动着,地皮裂开来,裂成一道深渊。"

地震的现象

"哎哟!那些百姓们怎么样了呢?"克莱儿叫道。

"你听着,在这恐怖的灾难之中,百姓们怎样了。在欧洲发生的地震中,最可怕的是发生在 1775 年万圣节的那一次,葡萄牙的首都里斯本完全被破坏了。事前,这欢乐节日的城市并没有一点儿危险的预兆,忽然之间从地下发出一阵隆隆声,像连珠般的雷声。于是大地猛烈地震动了几次,隆起来又陷下去,不多时把人烟稠密的葡萄牙首都震得只剩下一堆瓦砾和死尸场了。幸存的百姓,为了要逃避房屋的倾倒,都逃到海岸上的一个大码头上。忽然之间,码头给水吞没了,海浪把拥挤的人群和停泊的船艇一股脑儿卷了去。没有一个牺牲者和一块碎片浮上水面来。原来大地裂开了一个深渊,把海水、码头、船艇、百姓都吞了下去,重新又闭起来,把他们永远地埋在了那里。在 6 分钟里,死了6 万人。

"当里斯本发生这起灾祸的时候，葡萄牙的高山都在山基上摇动着，非洲的几个城市——摩洛哥、非斯、梅昆斯——都震倒了。一个有1万人口的市镇，被一个倏开倏闭的深渊全部吞没了。"

"叔叔，我从来没有听过像这样可怕的事情。"喻儿说。

"但是我听到恩妈讲她的害怕时，我笑了起来，现在想一想这并没有什么可笑的。倘若大地高兴，昨夜里我们也许和非洲的市镇一样从地面上消失了。"爱密儿说。

"再听这个，"保罗叔叔继续说，"从1783年2月开始，意大利南部骚动了四年才停止。单单第一年，就地震了949次。地面旋动着好像大风浪，海中激荡着巨浪，住在这不平静的地面上的百姓们，头晕得好像在一只船上。晕船病在陆地上发生了。在每一次震动的时候，实际在天空中不动的云也似乎在胡乱地移动，犹如我们在一只船上给风浪击打着一样。树木在这'地浪'的颠簸之下弯了腰，树顶横扫着地面。

"在2分钟之内，第一次地震便把南意大利和西西里岛的大部分市镇、村落、小乡都震倒了。全国的地面都骚动起来。有几处地方，地面裂成了罅隙，像是一块玻璃的碎洞，不过是规模来得大一点儿。大块的土地、房屋、葡萄藤、橄榄树从山坡上滑下来，跑了很远的路，最后在别的地方停下来。这边，一座山裂成两座；那边，山竟被连根拔起，运到了别的地方。处处寸草不留，它们是给巨大的深渊吞没了，同时还有那些可怜的人们和那些可爱的动物。还有一些地方，大地裂成了充满着流沙的深穴，变成了洼地，并且立刻给涌出的地下泉充满，形成了湖泊。据考证的结果，这样突然造成的湖泊、池沼，多达200处以上。

"有几个地方，土地被水道或裂缝内涌出来的水浸软了，变成了一片烂糊泥浆，盖满了平原，填没了山谷。树梢和被毁坏的屋顶是这泥海上仅有的可见的东西。

"少隔一些时候，突然的震动把大地震得很深。其震撼的猛烈，把街道石都崩裂了飞向空中。整个石井从地下飞出来，像一个从地球上飞起来的小塔。当大地隆起裂开时，房屋、百姓和动物立刻被吞了下去，然后地面又沉下去，裂缝再闭合起来，闭得不留一点儿痕迹，一切东西都不见了，都在两壁合拢时轧成肉泥了。有时地震之后，马上开始发掘，或许还能找回一些宝贵的失物，不幸的是，发掘的工人只见埋没的建筑物和它们内部所有的东西都被轧成了一整块,这种合拢起来的两壁所形成的压力竟是如此之大!

"在这些情形之下遭难的人数多达8万!

"这些牺牲者大部分是被活埋在倒塌的房屋下了;另一些则给每一次震动时从塌陷下的地方所喷出来的火焚毁了;还有一些人飞快地逃跑,横过田野,被脚底下裂开的深渊吞掉了。

"这样惨烈的景象应该能唤起野蛮人心底的怜悯了吧。但是——唉,谁能相信呢——除了很少的一些英雄行为以外,这地方人的行为真是可耻啊,加拉白利亚的农民都向城里跑,不是救人,而是去抢劫。他们不顾危险地在火墙和灰云飞扬的街道中踢着、抢着,甚至包括那些尚存一口气的难民。"

"可恼的人! 可恶的强盗呀! 啊,倘若我在那里——"喻儿叫说。

"假如你在那里,你能怎样,可怜的孩子? 那地方有很多的好心人,他们的拳头比你的有力千百倍,但他们都没有办法。"

"那些加拉白利亚人不是很刁恶吗?"爱密儿问。

"凡是教育没有普及的地方,那里的人都有野蛮的天性,待到有乱事的时候,便发作起来,他们的残暴凶狠,使全世界为之震惊。另外一个故事可以再告诉你们一些加拉白利亚农民的情况。"

六十六、我们把那两个都杀掉吗

保罗叔叔走进他的书房里,取了一本书回来。

"我现在要读给你们听的文章是一位骑炮兵写的,他写文章的本领比他开炮的本领还要高明。在这世纪开始的时候,有一队法国兵占领了加拉白利亚。我们这位炮手就属于这队兵。这里是他写给他表弟的一封信:

"'一天,我正在加拉白利亚地方走着。这里是一处恶人居住的地方,他们不爱任何一个人,对于法兰西人特别没有好感。为什么如此,真是说来话长了,总之他们非常恨我们,倘若我们有一个人落在他们手里,自然是最糟不过的。

"'我的同伴是一个少年。这些山路倾斜得很厉害,我们的马很难前进。我的同伴在前面走。一条他看来较近且熟识的路竟使我们迷失了。这是我的过失,我怎么会托信一个20岁的年轻人呢?在太阳落下之前,我们企图在林中寻找出路,但我们愈是尝试,我们愈是迷失,后来我们来到一所有微光的屋子前时,天色已经漆黑。我们走进去,心中并不是不怀疑,但不这样又能怎样呢?

"'我们看见一位烧炭夫和他一家人正围着桌子吃晚饭,他们立刻邀请我们。我和同伴也不再客气。我们坐下来吃着喝着,至少他是如此,因为我忙着观察这个地方和主人的脸色。他们的面容是烧炭夫的,他们的家却可以说是一个兵工厂,屋子里满是手枪、军刀、刺刀、弯刀。这一切都使我感到不安。我还看出,主人对于我也同样感觉不安。

"'我的同伴却刚好相反,成了他们家里的一分子,和他们说着笑话,并且一点儿也不当心(这种不当心是我老早应该预见到的)。他开始就告诉他们,我们从什么地方来,到什么地方去,我们又是什么人。法兰西人!想想看,他竟这样说了。我们是落在最狠毒的敌人手中,可是他……你看他竟举止阔绰得好像是一个富人,允许他们要求任何报酬,明天再雇一个向导。最后,他讲到他的皮包,要求他们万分地当心它,要放在他的床头,他说他不要别的枕头。啊!年轻人,年轻人,你的幼稚真是太可怜了啊!表弟,你一定以为我们是携带着王冠的钻石了吧!'"

"那个少年真是太不谨慎了,"喻儿插嘴说,"他已落入了一群恶人手里,还不能停嘴吗?"

"浅薄的少年是很难沉默的。我继续读下去:

"'晚饭吃完后,他们离开了我们。主人睡在下面一间房屋里,我们则住在吃晚饭的上面的房子里,预备给我们睡的床是一处阁楼,有七八尺高,用一架梯子爬上去——这是一种窠巢,进去时要从堆着足够一年粮食的阁棚下面爬过去。我的同伴独自爬上去,并且马上熟睡了,他的头搁在那宝贵的皮包上;我决定守夜,因此在火炉里生起火,在炉旁坐下了。

"'夜差不多过完了,很是安稳,我开始觉得安心。我看这时候应该快天亮了,忽然听见主人和他的妻子在说话,就在我下面。我急忙把耳朵贴在火炉旁的地面上,清清楚楚地听见那丈夫的提议:好吧,我们来商量一下:我们把那两个都杀掉吗?那女人回答说:好的。我便再听不见什么了。

"'我将怎么办呢!我简直被弄得没气了,我的身子像石头般冰冷。上帝呀!我能想点什么好法子出来呢!我们两个都手无寸铁,怎么能抵得住12或15个人,他们又有着这么多的武器!还有我的同伴已睡得像死了一般!去叫醒他,我不敢;只顾自己逃命,我又不能。窗户离地倒并不远,但下面嗥叫着两只狼一般的大狗。'"

"可怜的炮兵啊!"爱密儿叫出声来。

"还有他的同伴睡得好像一头猪!"克莱儿加一句。

"'过了一刻钟之后,我听见扶梯上似乎有人走上来,从门缝里我看见主人一手举着灯,一手执着一柄大刀。他正走上来,他的妻子跟在后面。他开门时,我藏身在门后。他把灯放下,他的妻子跑来拿着;于是他伸脚进来。那女人在门外小声地说道:轻点,走得轻点!他跑到梯子边,爬上去,刀衔在嘴里,爬上了这个可怜少年睡的地方,他的咽喉露着。主人一手执着刀,一手——哎哟! 表弟哟——'"

"够了够了,叔叔;这故事令我害怕!"克莱儿叫出声来。

"等着还有——'他用一只手执住了挂在天花板上的火腿,割了一块,然后照着原路走了。门关了,灯灭了,只有我留着,浸没在回想中。'"

"还有呢?"喻儿问。

"没有什么了。'天亮后,'那炮手继续写着,'那家人都跑来叫醒我们,声音很大。我可以告诉你,他们把食品拿来,给了我们一顿很好的早餐。有两只阉鸡也作为早餐的一部分。其中一只,女主人说要我们吃掉,另一只是让我们带走的。我看见了这两只阉鸡,才明白了那几个可怕的字:我们把那两个都杀掉吗?'"

"那男人和女人是在商量杀一只还是杀两只阉鸡做早餐吗?"爱密儿问。

"就是如此,没有别的了。"他的叔叔答。

"原来如此,是那炮兵弄错了,几乎吓死人了。"

"这样说来,那烧炭夫并不像是我先前所想象中的坏人了。"喻儿说。

"那就是我要使你们明白的一点儿。加拉白利亚也像别的地方一样,有坏人也有好人。"

六十七、温度表

"那炮手的故事的结局竟和开始时的预想相反，"喻儿说，"我们以为这两个过路人将有什么厄运了，不料这样严重的问题只不过是烤了两只鸡。当那个人的嘴里衔着刀，爬上扶梯时，我们真吓得发抖了，结果却使我们笑了。这真是一个有趣的故事，但我们还要回到地震上来。你还没有把这些可怕的大地的运动告诉我们呢。"

"倘若你们对这个感兴趣，"他叔叔回答说，"那么我可以再讲一些。我先要告诉你们，愈是向地下，愈是热。人们为了得到各种矿物而挖掘，在这问题上给了我们一个很有价值的佐证。他们愈是掘得深，则愈觉得热。每深 30 米，温度便升高 1℃。"

"我不大清楚 1℃ 是什么？"喻儿说。

"我一点儿也不懂。"爱密儿承认道。

"那么让我们重新讲起，倘若不这样，你们是无法懂得的。我想你们肯定见过温度表，就在我的房间里。它是这样的：在一块小木条上，有一根玻璃棒，中间有一条细管，底下连在一个小球里。小球里有一种红汁，这汁在玻璃棒的细管里依天气的热冷而上升下降。这东西就叫温度表（或称寒暑表）。把它放在冰水里，红汁便跑下来，跑到管的一点，这点叫作 0 度；放在沸水里，红汁便上升到标注着 100 度的地方。这两点之间的距离，分成 100 段相等的部分，用度来作单位。[1]"

"为什么叫度？"爱密儿说。

"度的意思是指它好像楼梯的级步。那红汁从一段到另一段的上升与下降，犹如我们在梯子上一级一级地上下一样。倘若天气转暖了，红

---

[1] 这里所讲述的温度表是摄氏表，或称百度表（Centigrade），沸点为 100℃，冰点为 0℃。

汁便一点儿一点儿地向上爬升;倘若寒凉一些,它便从梯子上爬下来。这样,热便可以按照红汁所停的级步——度数而计数了。

"温度表所指示出来的每一种物体的热度,叫作它的温度。这样,我们说冰水的温度是 0℃,沸水的温度是 100℃。"

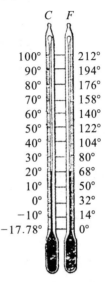

"一天早上,"爱密儿说,"你让我到房间里去拿一点儿什么东西,我把我的手放在温度计的小球上,那红汁便开始一点儿一点儿地上升了。"

"这是你手的热使它上升的。"

"我本来要看那红汁会升到多高,但我没有耐心等它停下来。"

"我来告诉你。最后那红汁会升到 37℃ 的地方,这是人类身体的正常温度。"

"那么在很热的夏天,那红汁要升到哪里呢?"喻儿问。

"在我们这个地方,夏天的温度在 25℃~35℃之间。"

温度表

"那世界上最热的地方呢?"克莱儿问。

"在最热的地方,譬如塞内加尔(Senegal,在法属西非洲——译者),温度要升到 45℃~50℃。这比我们夏天的温度要高 2 倍。"

六十八、地下火炉

"我们回到我们的题目上来。在矿井底,我已经告诉过你们,温度是很高的,而且一年到头都是如此。冬季与夏季都是同一个温度。世界最深的矿井在奥国的波希米亚。现在已经不能再下去了,因为矿井上面的泥土崩塌下去,把它堵塞了一部分。在 1151 米的深处,温度已经升到了40℃,差不多和全世界最热的地方一样了,而且在那样的深处,冬天和夏天没有什么区别,一样热。当多山的波希米亚满盖着冰雪时,只要跑到矿底去,就可躲避冬季的严寒。而在热得撑不住的塞内加尔的夏天,矿井入口处却冷得让人发抖,到底下便热得气也透不过来。

"这情形在各处地底下都是一样的,毫无例外。愈是深入地下,愈是觉得热。在深矿井里,热使得最耐劳的工人都感到头昏,他们感到奇怪,好像是靠在大火炉的旁边。"

"那么地球的内部真的是一个火炕吗?"喻儿问。

"比火坑还热呢,你且听着。有一种井名叫自流井,这是一个圆筒形的洞,两端用强硬的铁条支撑着,人们向地底掘下去,一直掘到使邻近溪流与湖水渗透过来,集成一个地下水槽。因掘了这样的洞,从地下深处涌到地面上来的水,它的温度与深处的温度一样。这样,我们便可知道地球内部的热的分布如何了。最出名的一个井是巴黎的格莱纳尔井。它有 547 米深,里面的水温常保持在 28℃,这个温度与夏天的温度差不多了。在法国和卢森堡交界处的蒙独夫自流井,它的水是从更深的 700 米的地方涌出的,水温达 35℃。现在有无数的自流井都与矿中所示的温度一样:因为每深 30 米,温度便升高 1℃。"

"那么掘井时,一直掘下去,会掘到沸水吗?"

"一定会的。困难的是不能掘到那样的深度。要掘到沸水的温度,得深到3千米，这是不可能的。但有许多的天然泉水，它们从地下涌出，水温很高，有时能达到沸点。它们叫作温泉，即热的泉水的意思。法国最出名的温泉是克洛地·爱格温泉和维克温泉，在开特尔地方。它们的水温差不多快达到沸点了。"

"这些泉会流成与众不同的溪流吗？"

"有烫溪，你倘若放一个鸡蛋在里头，等一会儿拿出来便煮熟了。"

"那么这里是没有小鱼和小蟹的吧？"爱密儿问。

"当然没有了，好孩子，你要知道，倘若有，它们岂不是给煮得熟了又熟吗？"

"对。"

"奥佛格纳地方的沸水小溪是比不上冰岛上的沸水溪的。冰岛是一个位于欧洲北部的大岛，一年中大部分时间被冰雪覆盖着。那里有许多温泉能喷出热水来，人们把它叫作间歇泉。最强有力的是大间歇泉，是从一个大山谷中喷出来的。这大山谷位于一座山的顶上，水的泡沫已把山谷洗刷得白而晶透了。这个山谷的内部是漏斗形的，下端通着弯曲的管道，一直到不可测知的深处。

"这个沸水火山在每一次爆发之前，大地先震动着，地下响着沉闷的

美国黄石公园的大间歇泉

声音，好像远处的大炮响。这声音逐渐强起来，大地震动了，从喷火口里，水猛烈地喷出来，淹没了山谷，我们在这地方，有一些时间可以看到好像是一只沸水锅给什么也看不见的火炉烧着。在一阵蒸汽的漩涡之中，沸腾的水像洪水似的涌着。间歇泉突然使出它的全身力气：一声爆炸响，接着便有一根直径6米的水柱喷至60米高，撑足一把头上盖着白蒸汽的大伞以后，便变成一阵沸雨落下来。这样可怕的爆发只有几分钟便结束了。水伞马上收起来，山谷中的泉水都退下来，给喷火口吞下肚去，接着来的是一柱水蒸气，猛烈地怒号着，向空中上升，像雷震般撼动

着,把滚入喷火口的大石块送入了天际,或者把它们裂碎成小块。附近各地都被包在这些厚密的蒸汽漩涡之中。最后喷泉回复了平静,怒号也减少了,但不多久又喷发出来,重复着同样的过程。"

"那真是又可怕又好看啊!"爱密儿说,"我们看时自然要站得远远的,头上不要给沸雨淋着了。"

"叔叔,你刚才所讲的,足以证明在地底下有大量的热存在着。"喻儿说。

"照这些观察的证实,地下温度既然每深30米便增加1℃,那么计算起来,地下3千米处的温度一定和沸水一样,就是说100℃。20千米以下,是熔铁温度;50千米之下,则一切人类所知道的物质,都足以给熔解了。再往下,温度自然还要升高。因此,地球是一种被火烧成流质的东西所做成的,四周包着一层坚硬物质的薄壳,这薄壳也是由熔化的流质形成的。"

"你说是一层硬质的薄壳,"克莱儿说,"根据你刚才所说到的计算,这硬壳的厚度一定有50千米。在这以下是流质了。我认为50千米是很厚的,我们可以不必害怕这地下火了。"

"50千米和地球的半径比起来,真是微乎其微。从地面到地球的中心,其距离有6400千米。这距离中,50千米属于厚的硬壳,其余的都属于一个熔质的球。也就是说,如果用一个鸡蛋来代表地球,那么蛋壳就是地球的硬壳,蛋里的汁就是地球中熔化着的物质。"

"隔开这个巨大的地下火炉,只有这么薄薄的一层壳,这样我们还不能安心的啊!"喻儿说。

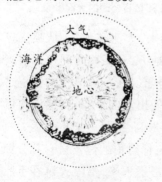

地球的结构

"不错,我们第一次听到科学所告诉我们这些关于地球结构的详细情形时,我们是会感到不安;当想到在我们脚下几里的地方就是那滚动着熔化物质的火渊,我们不会不害怕的。一个这样薄的硬壳怎么能够抵得住那流质的波动呢?这个脆弱的壳,这个地球的皮,不知什么时候将会熔解、分裂、崩溃,或者至少也得动一动吧?只要这薄壳稍微动一动,便会使大地颤抖,地面形成可怕的裂缝。"

"哦！我知道了。这就是地震的原因了。地球内部的熔质在移，壳在动。"克莱儿插嘴说。

"我以为这壳比较起来既然这般薄，应该是时常会动的。"喻儿说。

"恐怕全地球的硬壳上，没有一天不经过一点儿震摇的，有时在这里，有时在那里，在海洋底下，也在大陆底下。但是，闯大祸的地震却很少，这里要谢谢火山先生的调停了。"

"火山口可以说是地球内外部疏通的安全口。火山口给了地下的水蒸气一个出口，使它们能自由出入，不至于把大地颠覆了，所以它们不常造成地震，也不常闯大祸。在火山区域里，大地时常猛烈地震动，地震一停止，火山便喷出烟气和熔岩。"

"我还牢记着你所讲的爱特那火山的爆发和加塔尼亚城的惨事。"喻儿说，"我起先只知道火山是可怕的山，会带来灾祸；现在我开始知道它的大用处和它的必要了。没有它们作出气洞，地球是安静不下来的。"

六十九、贝壳

保罗叔叔房间里有一个抽屉,里面装满了各种各样的贝壳。这是他的一个朋友在旅行时收集来的,颜色很美丽,样子也有些古怪,若能一一欣赏,也不乏是一件乐事。有几个贝壳弯旋得好像是一座圆扶梯,另一些又分着大的角,还有一些好像是一只鼻烟匣。有些贝壳饰着放射形的骨,复杂的皱襞,或折叠着薄片,像是屋顶上的瓦;有些竖起着尖头、针刺,或锯齿状的鳞片。这里的贝壳,有些光滑得像一个蛋,有些是白的,有些是有红色斑点的,还有一些在玫瑰色的开口处生着长刺,像是伸直的手指。它们是从世界各地收集来的。这个是从黑人地方来的,那个是从红海来的,另一些是从中国、印度、日本等地来的。真的,倘若能一个个地看,那么定会快乐好几个小时,特别是在保罗叔叔肯把它们讲给你们听的时候。

一天,保罗叔叔把这些宝藏展示给他的侄儿侄女们看:在他们面前,保罗叔叔把抽屉拉了出来。喻儿和克莱儿看得发呆了。爱密儿不断地把大贝壳贴在耳朵上,听着从里面传出来的"呼——呼——呼"的声音,好像是大海的波涛声。

"这一个红色的、花边口的贝壳,它是从印度来的,名叫盔形贝。有的很大,像爱密儿那样大的力气,只搬得动两只。在几个岛上,它们是很多的,人们用来代替石头,放入窑里烧成石灰。"

盔形贝

"倘若我有这样美丽的贝壳,我是不愿意用来烧成石灰的。"喻儿说,"你们看,这口多么红,边又折叠得多么美丽。"

"还有它'呼——呼'地叫得多么响。"

爱密儿说,"叔叔,这是不是真的,贝壳回响着海浪的声音?"

"我并不否认,这声音有点像从远处传来的波涛声,但你不要以为贝壳里藏着海浪的回声。这只不过是空气从弯弯曲曲的洞穴中出出进进的结果。

"这一个是法国的。在地中海的海岸上是很普通的,属于鬘螺贝类。"

"这个也像盔形贝一样,'呼——呼'的。"爱密儿说。

"所有比较大的,而且有一个旋洞的,都有这声音。

"这一个和前一个一样,也是在地中海海滨拾来的,叫恶鬼贝。住在这里面的动物能生出一种紫色的黏汁,古代人把它做成一种美丽的颜色,叫作紫色,作为他们宝贵的颜料。"

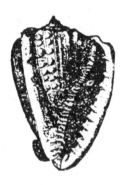

鬘螺贝

"贝壳是怎样做成的?"克莱儿问。

"贝壳是一种软体动物所住的房屋,好像螺旋形的蜗牛壳,和要吃你的嫩花草的有角的小动物的屋子一样。"

"那么蜗牛的家也是一个贝壳,和你给我们看的那些美丽的贝壳一样吗?"喻儿说。

"是的,我的孩子。那最大的和最美丽的贝壳是从海里找到的,可以找到很多。这种贝壳叫作海产贝。盔形贝、鬘螺贝和恶鬼贝都属于这类。但在淡水里,就是说在溪流、江河、湖泊、池沼里,它们也有的。法国最小的沟渠里也有式样完好的贝壳。不过色彩有些黯淡且带点土色。这类贝叫作淡水贝。"

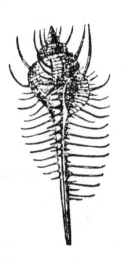

恶鬼贝

"我在水中看见过几只,像是大而尖的螺旋形蜗牛壳。"喻儿说,"它们有一种帽子,可以把小孔盖住。"

"那叫作田螺。"

田螺

"我记起另一种沟渠贝来了。那是圆的、平的,大小恰好如一个铜元那么大。"克莱儿说。

"这是一种扁卷螺。还有一些贝是从陆地上找到的,因此这些贝就叫陆生贝,譬如螺旋形的蜗牛壳就是。"

"我曾经看见过很美丽的蜗牛,"喻儿说,"差不多和这个抽屉中的贝壳一样美丽。在森林里,我看见一种黄色的蜗牛,壳上有几条黑带很整齐地环绕着。"

"我们叫作蜗牛的动物——是不是找到一个空壳而住在里面的蜓蝣?"爱密儿说。

"不是的,一条蜓蝣永远是一条蜓蝣,不会变成一只蜗牛的;就是说,它永远不会有一个壳的。蜗牛刚好和它相反,生来就有一个小小的壳,这壳随着蜗牛的长大而一点点儿地长起来。你在别的地方找到的空壳从前是有自己的主人的,不过现在它的主人已死了,变成了尘埃,只留下了它。

"一条蜓蝣和一只没有壳的蜗牛是很相像的。"

"两个都是软体动物。有的软体动物是不做壳的,譬如蜓蝣就是;另一些则是做壳的,譬如蜗牛、田螺和扁卷螺。"

"蜗牛用什么东西做它的家呢?"

"用它自己的材料,我的小朋友。它分泌出材料来造房子。"保罗叔叔的话被打断了。

"我不懂。"

"你不是自己造你的牙齿,造得这样白而有光泽,而且排得这么整齐吗? 有时生出一颗新的牙来,你一点儿没有想到它是怎样长出来的。这美丽的牙齿是很坚硬的石头。那块石头从什么地方来的,是从你自己身体里来的,这是明明白白的。我们的牙龈分泌出石质,做成牙齿的形状。蜗牛的屋子也是这样造的。这小动物分泌出石质,做成美丽的壳。

"但是要把石头一一排列起来,造成屋子,我们一定需要工匠。蜗牛的屋子是不需要工匠来帮它造的。"

　　"我现在觉得和这位蜗牛先生很亲切,虽然它是吃掉我们花园里花的馋嘴客。"喻儿说。

　　"我不管你和它亲切不亲切。让我们向它宣战,因为它把我们花园里的花草都吃了,这是我们的权力。但我们并不能因此而轻视它,因为它有许多事情可以告诉我们。今天我要把它的眼睛和鼻子讲给你们听。"

七十、蜗牛

"当蜗牛爬行的时候,它头上会高高地竖起四只角,这个你们是知道的。"

"这些角能够自由进出。"喻儿插嘴说。

"这小东西的角还能旋转,"爱密儿说,"你倘若把它放在一块燃烧的煤上,它便会'哔哔'地唱起来。"

"孩子,你不要玩这样残忍的游戏啊!蜗牛是不会唱歌的,它是在用自己的方法叫着救命,因为它被烧痛了。它身上的黏汁给烧凝了,开始时膨胀,后来则收缩,空气钻出时所发出的声音就成了它垂死的悲鸣。

"在法国寓言家拉封丹的寓言里(他的寓言里有许多动物的事情),有一只被角兽触伤的狮子——

"把一切有角的兽——

白羊、牛、山羊、鹿与犀牛,一起从他的王国里赶走。

一只兔儿看着自己两只耳朵的阴影,心里大不安定,

'也许狮王的卑劣的走狗,会把我的两只耳朵当角来认,

硬捉我去,我得当点心。'

'再会了,'兔儿说,'蟋蟀,我的邻居,我要到国外去旅行;

倘若我长此住下去,他们将把我的耳朵当角来认,

我害怕呀!'

蟋蟀回答道:'这些是角吗?你,蠢!

上帝把它们做成耳朵,

谁能否认?'

'是的,'胆小的兔儿说,'他们硬作角儿来认,也许就认作犀牛角,

我就算有嘴又哪里辩得清楚啊!'

"这兔子自然是弄错了。在旁人看来,它的耳朵还是耳朵。我们不知道蜗牛在什么时候也进入了这些情形之中,人们差不多一致把蜗牛前额上的东西当作角看待。'你叫这些是角?'蟋蟀或许会叫出来,它是比人类要聪明一些。"

"那么它们不是角吗?"喻儿问。

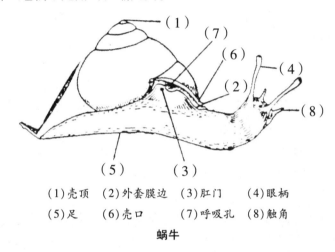

(1)壳顶　(2)外套膜边　(3)肛门　(4)眼柄
(5)足　　(6)壳口　　　(7)呼吸孔　(8)触角

蜗牛

"不是,亲爱的。它们同时是手、眼、鼻和盲人的手杖。它们名叫触角,蜗牛的触角有长短不等的两对,上面的一对较长,而且很特别。

"在每一根长触角的尖端上,你可以看见一个小黑点。这是一只眼睛,虽然很小,但也和牛马的眼睛一样完整。要怎样才能组成一只眼睛,你们是猜也猜不到的,这是非常复杂的,我现在还无法告诉你们,但这个人眼睛不易看清楚的小黑点却具备着眼的一切功能。还有呢,除了是一只眼睛外,它还是一只鼻子,就是一个对香臭特别灵敏的器官。蜗牛是用它的长触角的尖端来看和闻的。"

"我曾经见过,倘若把什么东西放近蜗牛的长角触旁,它便会把角触缩进去。"

"这个鼻和眼的两用物能够退缩、向前,去接触一样东西,从各方面嗅到气味。和这相像的鼻子,我们要从一只蜗牛说到一头象,象鼻是一种特别长的鼻子,但蜗牛的鼻子比象的鼻子高明得多!它能感觉到气味和光线,眼和鼻是同时起作用的,它能够像一只手套上的手指那样,缩进自己的身子里去,缩不见了,或者又从皮下面伸出来,逐渐加长,像一个望远镜。"

"我常看见蜗牛是怎样把它的角缩进去的。它们蜷伏进去,看起来好像藏在皮里了。当什么东西扰动了它时,这东西便把它的鼻和眼藏进它的口袋里去。"

"对的。我们看见太强的光,或嗅到难闻的臭气时,便会把眼睛闭起来,把鼻管塞住。蜗牛,倘若有强光打扰了它或有臭气使它感到不快,便会把眼和鼻藏在壳里,也就是像爱密儿所说的口袋里。"

"这是一个很聪明的方法。"克莱儿说。

"你又说这个角还是一个盲人的手杖。"喻儿插嘴说。

"当它把上触角缩进了一半或全部以后,它便瞎了。它现在只有两只下角了,因为这两只都很灵敏,除了有眼和鼻的作用外,还有盲人杖的作用,或者比盲人杖更好一点儿,它是一只手指,摸着、辨认着事物。你知道吗,小爱密儿?你只知道蜗牛在火上哀鸣,还不知道蜗牛的所有事情。"

"我知道了。我们几人中,谁猜想得到,那些角同时是眼睛、鼻子、盲人的手杖,又是手指呢?"

七十一、珍珠母与珍珠

"你刚才给我们看的几只贝壳当中,里面发出的光彩好像你在赶集那天给我买的削笔刀柄——你还记得吗——那有四片刀口的削笔刀,它的柄是珍珠母造的。"喻儿说。

"那是很显然的。珍珠母,那闪耀着彩虹色的美丽东西是从某种贝壳中来的。我们用这种东西来做精美的装饰品,它从前是一种闪光得近似于牡蛎的一种动物的房屋。真的,这房屋真是一间富丽堂皇的王宫。它闪耀着各种魔幻般的色彩,好像虹的光彩都寄存在它那里似的。

"这个贝壳产生了最美丽的珍珠母,它的名字叫厚珠母。它外部有轮圈,呈墨绿色;内部比磨光的大理石还要光滑,比虹的色彩还要富丽。一切颜色这里都有,而且光亮柔媚。

"这个华丽的贝壳,是一个可怜的黏质的小动物的房屋!在神仙故事中,小仙人的屋子也没有这样的华丽啊,多么美,它多么美丽啊!"

"在这世界上,每一个人都有自己的一座屋子。这个黏质的小东西,竟享有一个美丽的珍珠母的王宫。"

"厚珠母住在哪里?"

"住在沿阿拉伯海岸的海里。"

"阿拉伯很远吗?"爱密儿问。

"很远的,好孩子。你为什么问它呢?"

"因为我想拾点这种美丽的贝壳。"

"不要去梦想这样的事情了。它离这里太远了,不但如此,厚珠母不是每个需要的人都能随便拾到的。人们要得到这种厚珠母,

厚珠母

就要潜到海底去,有些潜海的人从此便再也没有浮出来过。"

"那么世界上有人胆敢潜入海底,专门去采集贝壳吗?"克莱儿问。

"很多呢。这种生意很挣钱,倘若我们想跑去和他们一同摸贝,一定会受到他们的排斥。"

"那么那些贝壳是很珍贵的了。"

"你们自己去想吧。第一,贝壳内部的一层东西,用来锯成一片片一块块的,这是我们用来做精美装饰的珍珠母。喻儿的刀柄上就盖着一层珍珠母,但这还是那珍贵的贝壳所产生的最小价值。这里还有珍珠呢。"

"但是珍珠并不是很贵的。我只花了几个铜板,便买了一捧,我还用它来给你的袋子镶边呢。"克莱儿说。

"我们来区别一下真珠与假珠。你所说的珍珠是一小粒有颜色的玻璃,它们的价格是很便宜的。厚珠母的珍珠是最珍贵、最精细的珍珠母球。倘若它们大得不同寻常,便有着骇人听闻的钻石的价格,贵至几千几万元。"

"我不认识这些珍珠。"

"愿你永远不认识它们,因为一个人对珍珠产生了兴趣,他便会连普通常识和名誉都忘记了。我们知道它们是怎样形成的,就足够了。

"在两枚贝壳之间,住着一种像牡蛎的动物。这是一个黏质的块,你将很难辨认出这是一个动物。它消化着食物,呼吸着空气,对于痛楚特别敏感,即使一粒小到不易看见的微尘,也会弄得它很痛苦。当它觉得有一些外来的东西弄痛它时,你们知道它会怎么办吗?它会分泌出珍珠母涂在这发痛的地方。这个珍珠母堆积成一个小而滑的球,也就是形成了一颗珍珠,倘若这颗珍珠是很大的,它便很值钱了。当女人们的颈上戴着一串珍珠时,便觉得十分骄傲。

牡蛎

"但是在戴到颈上时,先应该知道,采珠的渔夫坐了一只小船,一个个地跳到海里去,手中握一根绳,绳端系着一块大石头,这样他们便能很迅速地沉到海底。那人在潜入水底以前,用右手握住绳,右脚踏住石头,左手塞住鼻孔,左脚缚一副袋形的网。石头丢入海中,人便立刻像一块铅似的沉入水底。他匆匆地把贝拾满了一网,然后把网拉着,递一个要上来的信号。船上的人便立刻拉他上来。那潜水员带着他所获得的贝上来,已经窒息得半死了。停止呼吸是很痛苦的,他的嘴和鼻子中竟流出血来。有些时候,那潜水员从水中出来时,一条腿已经没有了,永远不能站起来了,因为他的腿已被一条鲨鱼吞掉了。

"有几粒在珠宝店橱窗里发光的珍珠,其价值要远在一袋金钱之上,它们值一条人的性命。"

"这样,倘若阿拉伯海就在我们的村头,我也不敢去采珠了。"爱密儿说。

"他们开贝的方法是把它放在太阳下晒,一直到贝里的动物被晒死,人们就在这臭得可怕的死贝肉堆里寻找珍珠。寻得后便无事了,只需钻上一个孔。"

"一天,他们在清除那死了的贝壳时,我捡了几个贝壳,里面像珍珠母般地发光。"喻儿说。

蚌(河贝)

"我们在溪流和小沟里可以找到一个个墨绿色的贝壳,它们叫淡水贝。这里的珍珠母,有的很大,但这些珍珠只有很少的光泽,因此较之厚珠母所产珍珠的价值,相差甚远。"

七十二、海洋

"你抽屉里所有的贝壳都是从海洋里来的吗?"爱密儿问。

"它们都是从海洋里来的。"

"海洋很大吗?"

"很大很大,有几处地方,从这岸到那岸,船要连续行驶几个月。那些船是很快的船,特别是轮船更快。它们跑得差不多和火车一样快。"

"海上有什么可看的呢?"

"头顶上有和这里一样的天,四周是一片巨大的、蔚蓝色的大圆圈,除此之外什么也没有了。人们几海里几海里地行过去,但依然是在蔚蓝色的水圆圈里,好像没有前进一步。产生这种现象的原因,是因为地球是圆的,水盖满地球表面的大部分。眼所能见的海洋只有很小的一个范围,这范围四周给一条圆周线限制了,天好像就在这圆周线上。人前进时,前面的圆线便会不断地冒出来,看起来好像是人留在这个圆圈的中心不动,蔚蓝色海的天边接着蔚蓝色的海。按着这方向继续不断地向前行进,最后我们便能看见一缕灰色的烟,停在限制我们视线的边缘上。这是将近陆地了。再走半天后,那灰色的烟将会转成海岸上的岩石,或内部的高山。"

"地理书上说,海比陆地大得多。"喻儿说。

"倘若我们把全地球划成相等的四部分,陆地只占其中一份,其余三份都是海洋。"

"海洋底下是什么呢?"

"海洋底下是地皮,和一个湖或一条溪流的底是一样的。海底下的地是不平的,与陆地不平一样。在有的地方,地皮裂成深不可测的深渊;有些地方则给山脉截断了,山脉的顶部透出水平面来,成为岛屿;还有一些地方则伸展成空旷的平原,或隆起为高原。倘若海洋干了,它也和陆地一样。"

"那么海的深度在各地方是不一样的了?"

"这是当然的。人们在测量海深时,用一条很长的绳子,一端系着一块铅锤,用来抛入海中;铅锤放到不再拖绳子时,绳子的长度就是海的深度。

"地中海最深的地方是在非洲与希腊之间。在这些地方,达到海底的铅锤要垂下 4000~5000 米。这个深度已和欧洲最高峰的白兰山(Mont Blanc)相等了。"

"那么倘若把白兰山放在这个深渊里,它的山顶岂不是刚刚露出水面吗?"克莱儿说。

"是的,还有比这更深的呢。在纽芬兰南面的大西洋中,有一处捕鳖鱼最适宜的地点,铅锤下垂至 8000 米,而世界最高峰是 8848 米。"

"把这山放在你所说的地方,将透出水面来,成为 848 米高的岛了。"

"在南极附近的海中,有一处地方铅锤垂至 14000 或 15000 米深,而陆地上还没有像这样高的山呢。

"从这些可怕的深渊到一指深的海岸边,其间地势有时是渐渐地向下低去,有时是突然一落千丈,都依下面地皮的结构的不同而不同。在一处海岸边,海深增加迅速,极为可怕。那处海岸便是海浪冲击成的倾斜面顶。另一处地方深度逐渐地增加起来,我们必须走很长的距离才能达到几米的深度。那里的海岸底是一个平原,接连着陆地的平原,倾斜极为缓慢,以至于不易看出。

"海洋的平均深度在 6000~7000 米之间,就是说,假如海底所有的高高低低都消失了,成为一种很平的平地,有如人工削平的一处盆地底那样,并且海岸仍保持着现在的水平面,其水深将一律在 6000~7000 米之间。"

"这些千米呀、米的,弄得我糊涂了,不要紧,我现在开始知道海里有很多很多的水。"爱密儿说。

"比你所想象的还要多呢。你们知道法国最大的河是罗纳河(Rhone),你们也看见过它在涨水时,一片泥水,从此岸到彼岸一眼望不到头。据人们的计算,照这样的情形,它流向海里去的水 1 秒钟有 500

万升。倘若它永远保持着这样浩浩荡荡的水流，就是在 20 年之内流过的水也不及海洋的千分之一。这不是更好地使你们了解海洋有多么大的比例吗?"

"我可怜的头脑，单单想一想它已经够糊涂了。海水的颜色是怎样的呢? 它也像罗纳河那样黄而多泥吗?"

"除了在河口以外，别的地方都不是这样的。从很少一点儿水中看来，它好像是无色的;在很大量的水中看去，便出现了它的天然色彩，它是绿蓝色的，所以海是蔚蓝色中带有绿色，在外海中较幽暗，近海中较清朗。但这颜色随着天空光线强弱的变化而有很大变化:在阳光明媚之下，平静的海有时淡蓝色，有时暗靛色;在暴风雨的天气之下，它变成了墨绿色，并且差不多墨黑了。"

七十三、波浪·盐·海藻

"波浪是从哪里来的呢?"喻儿问,"人们说,海发怒的时候,是很可怕的。"

"是的,亲爱的喻儿,是很可怕的。我永远不会忘记那像移动的山峰一样的海浪,顶上盖着泡沫,把一艘很重的船像玩一瓣胡桃壳那样地扯着,有时背在它们的背上,有时把它抛入两大浪峰之间的深谷里去。啊,在船上的人,这时觉得是多么的渺小与脆弱,跟着波涛的意志,或上或下地升降着!假使这瓣胡桃壳在一个大浪的打击之下打穿了一个洞,这时候怎么办呢? 这损伤的船会立刻消失在水底的深渊里。"

"消失在你所告诉过我们的深渊里吗?"克莱儿问。

"是的,沉在那些深渊里之后,是无人能逃回来的。损伤的船给海吞没了,船上的人们什么也没有遗留下来,除了残留着的怀念,倘若陆地上有着爱他们的人在。"

"所以海最好常常是平静的。"喻儿说。

"但是,我的孩子,倘若海永远平静了,那将又是一件可悲的事。这个平静和海的健康是相矛盾的,海一定得猛烈地震荡,使得海水可以不会污浊,并且溶入空气给需要它的动植物居民享用。因为水的海和空气的海——大气一样也需要清洁,需要大风浪把水猛搅着,除去腐旧,使它活泼地流动。

"风扰动着海面,倘若它来得很猛,便造成波浪,互相碰碎变成泡沫。倘若风来得强而不间断,那么就会有一排排的浪涛,后浪推着前浪,向着海岸澎湃而来。这些水的活动,无论怎样乱搅,只会影响到海的表面,30米之下的水仍是平静的,即使是最猛烈的风浪也是如此。

"在近海中,最巨大的浪头只有 2~3 米高,但在南海中,在特别恶劣的天气影响之下，浪头要升高到 10~12 米。它们好像是一脉浮动着的山头，中间是宽阔而深邃的峡谷。被风猛吹时，它们的顶上飞出一阵阵的白沫，形成可怕的浪头，其力量足以把一只船覆灭了。

"波浪的力量，巨大得不可思议。在水中笔直地挺立着的海岸，刚受到海的正面攻击的地方，那震动是非常猛烈的，人们脚下的大地也随之震动。最坚固的堤也被打碎冲去。巨大的石块给它扯去，在地上拖着，有时索性抛上防波堤来，好像是小石子般地滚着。

"海岸的断崖，就是几处海岸的垂直斜坡，也是由于波涛的不断活动而形成的。这种斜坡在英国与法国之间英法海峡的海岸上可以见到很多。波涛不断地攻击着它们，把石块击下来，变成小石子。波涛还像这样地深入到内地去。历史曾记载着许多的塔、房屋，乃至村落，都一一给深入内地的波涛所淹没，时至今日，那些地方已经完全消失在汹涌的波涛之中了。"

"像这样搅动着，海水就不会腐臭了？"喻儿问。

"单单是波浪的运动还不足以保证海水不腐臭，还有着其他的清洁方式。海水还溶解着许多的物质，虽然使它的味道变得极为不快，却能阻止它的腐臭。"

盐田

"我们难道不能喝海水吗？"爱密儿问。

"不能喝的，即使你渴得要死也不会去喝它。"

"那么海水是什么味道呢？"

"味道是苦而咸，令人不快而引起呕吐。这种味道便是从溶解的物质中来的。最多的就是我们用来调味的盐。"

"盐并没有令人不快的滋味呀，虽然我们不能喝一杯盐水。"喻儿反对地说。

"这是不错的，但在海水中，它

还混着许多别的溶解物,这些物质的滋味才是令人不快的。各处海里所含的盐分是各不相同的。1升地中海里的水中有44克的盐质;大西洋的水,每升中只有32克的盐质。

"有人曾经把海洋中盐的总量粗略算过,倘若海洋干涸了,它所有的盐都留在海底,那么这些盐可以把全地球都盖起来,且一律可厚至10米。"

"啊,这盐真是太多了!"爱密儿叫出声来,"我们在食物中无论用掉多少也是永远用不完的。那么盐都是从海里得来的吗?"

"当然。人们先挑选一处低而平的海岸,掘成浅而面积很大的池塘,叫作盐泽。海水便被引到这些池塘里来。当海水引满时,便把通海口阻断。盐泽上的工作是在夏季进行的。太阳的热一点儿一点儿地把水分蒸发了,剩下一层结晶物(粗盐),人们用耙把它搬开,把积起来的盐堆成一大堆,让它自己干燥。"

"倘若我们把一碟盐水放在太阳下晒,是不是会和盐泽里的情形一样呢?"喻儿问。

"一点儿不错,水不见了,给太阳蒸发完了,盐则留在碟子里。"

"我知道海里有许多的鱼,"克莱儿说,"有小的、大的,也有大得不得了的。沙丁鱼、鳘鱼、鲱鱼、金枪鱼,还有不知多少从海中来的鱼。还有你所说的软体动物,藏在贝壳里的动物;巨大的蟹,它的两个钳比人的拳头还要大;还有,还有许多连我也不知道的东西。它们都怎么活下去的呢?"

"第一,它们互相吞食。最弱者是较强者的食物,较强者又有更强者来吃它。但这是很明白的,倘若海里的百姓一直是互相吞食,而没有别的食物来源,是迟早无法养育,以至于绝种的。

"因此,为了海里的动物不至于绝种,海里的食物也生得和陆地上一样丰富。植物便供给了这一种养料。某些鱼是吃这种植物生存的,另一些则吞食吃

海藻

植物的鱼。因此,我们可以说,植物是直接或间接地养育着它们的。"

"我懂了,"喻儿说,"羊吃草,狼吃羊,所以草间接地养着狼。那么海里也有植物吗?"

"很多很多的。我们的草原并不见得比海底下的植物来得多。只不过海藻和陆草有着很大区别。它们从不开花,没有一些像叶子一样的东西,也没有根。它们是靠下部的一种黏汁贴在岩石上的,岩石是没有营养成分可以吸取的。它们都是靠水生存,而不是靠泥土生存。有些像是坚韧的皮带、皱襞的丝带,有着长的鬏毛;有些样子像一球小芽,柔软的乌头毛,波浪形的羽毛;还有一些像是剪成了长条,滚成了螺旋形,或纹成了粗而黏的线。它们的颜色有些是橄榄青或淡红色的,有些是蜜黄色或大红色的。这些古怪的植物叫作海藻。"

七十四、流动的水

　　"我曾经听你说，罗纳河的水是倾入海里的。"爱密儿说。

　　"罗纳河的水是流向海中去的，"他的叔叔答道，"它每秒钟流入海中的水有 500 万升。"

　　"海不断地收到这么多的水，到后来它不会像山谷那样漫起来吗？"

　　"你是算错了，亲爱的孩子。罗纳河不是流入海中的唯一的一条河。单单在法国，就有加隆河、罗纳河、塞纳河，还有其他比较次要的河流。那些河，还只是流向海里的许多河中较少的一点儿。全世界的河流都是流入海中的。南美洲的亚马孙河，有 5600 千米长，河口有 40 千米宽！它所流出的水量又是何等的大啊！

　　"我们且想象一下，全世界所有的大大小小的河流，最小的溪流也好，巨大的江河也好，它们都一刻不停地流入海中。你们知道有小蟹的小沟吗？有些地方爱密儿能够跳过它，这些小沟中的水差不多都是深到他的膝盖那里的。这些小沟也是和亚马孙河一模一样地流向大海去的，不过它们每秒钟都只有很少的几升水流出而已，那是它们所能做到的。但是这些细小的溪流不会单独地行进着，自己流入大海中去。它们在路上遇到它们的同伴，互相结合起来，成为一条较大的溪流，溪流再聚起来，逐渐汇成江河。向大海流去的江河接受着沿途的小河，大海在接受江水时，也饮得了小溪沟里的水了。"

　　"所有的流水，"喻儿说，"小沟、小溪、小河、大江，都一刻不停地流入大海中，在全世界都是如此的，因此大海每秒钟所接受的水量是不计其数的。这里，我也要问爱密儿的问题：海既然不断地接受着许多的水，为什么它不会溢出来呢？"

　　"倘若有一个蓄水池，旁边有泉水流进去，但那池子有几个缺口，水流得太满便会从这些缺口中漏出去,这样,即使水不断地流进去,池水还会溢出来吗?"

"当然不会了,它所得到的都漏掉了,水便保持着平衡。"

"这对于海也是一样的。它得到多少,同时也失掉多少,所以它的水平面永远是一样的。小沟、小溪、小河、大江,大家都往海里跑,但是小沟、小溪、小河和大江中的水同时也由海中来。它们流掉的水都要从那巨大的蓄水池里去取偿,一滴也不多,一滴也不少。"

"照你的说法,有小蟹的沟水是从海里来的,"爱密儿插嘴说,"那么它的水应该是咸的,但我很清楚地知道,它的水一点儿也不咸。"

"当然不咸了。要知道,小沟里来自海中的水,并不像一条小河从蓄水池中得到水那样,它不是直接得来的。海中的水,在跑到溪沟里的时候,先要经过空气变成云。"

"变成云?"

"变成云,是的。我来提醒你们几天前讲给你们听的故事。"

"太阳的热把水蒸发了,它把水变成一种眼睛看不见的东西,变成散在空气中的水蒸气。海的面积比陆地要大3倍。在这些巨大的面积上,时常发生大规模的蒸发,把海中一部分水升入空气中,这样形成的水蒸气便成为云。云向各个方向移动着,下着雪和雨;这雨水和融化的雪水注入大地里,滤出来成为泉水;泉水渐渐地相互汇合起来,成为溪、河、江。"

"我知道了为什么沟里的水不咸,虽然它是从海里来的,倘若我们把一碟子盐水放在太阳下晒,也只有水跑掉了,盐还留在碟子里。海中升起的水蒸气并不含盐,因为水蒸气在形成时,盐并不和它一起去。因此,被云中落下的雪和雨水所养育着的溪流是没有盐的。"

"叔叔,你所讲的都是很稀奇的事。"克莱儿说,"一切水流:江、河、溪、沟,都是从海里来,向海里去的。"

"海是一个不可比拟的大水槽,它的面积比地球上大陆的全面积要大出2倍。海的深渊有深到14千米的,并且还源源不绝地接受着全世界水流的纳贡,这种贡物它们永远不会负担不起的。海大面积地把水蒸气供给空气,成为云;后来,这些云凝聚成雨,被风追逐着,在地面上像一只巨大的喷水壶似的,横扫着,使得土地肥沃起来。云中落下的雨雪形成江河,而江河流入大海。这是一个不断的循环,从海起,成为一种云的形式在空中行进着,成为雨落到地上来,成为江河而横过大陆,最后还是回到了海中。

"海是水的公共水槽。江河、泉水、溪流,乃至每一条小的沟渠,都是从它那儿来,向它那儿去。一滴露珠的水、做了树液的水、我们额上所渗出的汗水,都是从海中来,又向海中去的。无论小到怎样的水滴,不必害怕它会迷路。倘若干渴的沙把它喝掉了,太阳知道如何再把它弄出来,使它汇集到大气中的水蒸气里,迟早得回到大海里去。"

七十五、蜂群

保罗叔叔还在继续讲着,忽然听见花园中发出一阵声响:砰! 砰! 砰! 砰! 好像有个铁匠把铁砧搬到了大接骨木下似的。他们跑出去看个究竟,只见老杰克用一把铁钥匙在水罐上沉重地敲着:砰! 砰! 砰! 砰! 恩妈则用一块小石头忙着打一个小铜锅:砰! 砰! 砰! 砰!

我们这两位好仆人,脸上带着全世界最严肃的表情玩着这样的游戏,他们俩疯了吗? 他们俩一边重复着这样单调的动作,一边交换着一两句话。"它们正向着覆盆子丛飞去。"杰克说。恩妈回答说:"看来好像它们逃了。"砰! 砰! 砰! 砰!

正在这时候,保罗叔叔和他的侄儿侄女跑来了。保罗叔叔只需眼睛一看,便知道了一切。花园中有一团红云般的东西飞着,时升,时沉,时散,时聚。红云中起着一阵单调的翅翼扑棱声。杰克和恩妈依然跟着那红云,敲着。保罗叔叔凝神注视着,爱密儿、喻儿和克莱儿他们面面相觑——不知道究竟是怎么一回事。

那朵小云般的东西降下来了,照着老杰克的预见,移近了覆盆子丛,绕着转圆圈,考察着,最后选中了一根枝丫。砰! 砰! 砰! 砰! 声音敲得更响了。在那选中的枝丫上做成了一个圆的块,红云渐渐地散开,绕着圈,慢慢看得清楚起来。杰克和恩妈不敲了,覆盆子的枝丫挂着一个大团,那红云的最后来者,过了一会儿便从团上离开了。一切都结束了,人们现在可以走近了。

爱密儿猜想这是蜜蜂,要想跑回屋子里去。他对上一次在蜂窝前的冒险还留着深刻的印象。他的叔叔拉了他的手安慰他。爱密儿大胆地跑近了覆盆子。和叔叔在一起,还害怕什么? 喻儿和克莱儿也跑来了。

这里,覆盆子的枝丫上挂着一球蜂团,都紧挨在一起。几个后来者从各处飞来,拣了一个好的位置,和前一只蜂紧挨在一起。枝丫负重得弯了,因为这里有几千只蜜蜂。第一批飞到的,自然是最强壮的,因为它们要支持全团的重量。它们用前脚上的爪抓住了枝丫;后来的抓住第一批来的蜂的后脚,它们又做了第三批到来的蜂的歇足地;于是渐渐地来了第四批,第五批,第六批……还有许多陆续地到来,再往后的数目便少了,到最后,它们都用前脚挂在那里。

"我们站得这样近,不是冒着会给它们叮的危险吗?"喻儿问。

"在它们现在的情形下,蜜蜂是很少用它们的刺的。倘若你们笨拙地去惊扰了它们,那我可不敢担保了;只要让它们不被惊扰,你便可以一点儿不害怕地看个够。它们有别的心思,不想叮好奇的孩子的!"

"有什么心思? 它们看来很和平,它们是不是都睡熟了?"

"它们有着严重的心思,它们没有了国家,正要想自己另外建造一个。"

"蜜蜂也有国家吗?"

"它们的蜂房就等于是它们的国家。"

"那么它们是在寻找一个蜂房,住在里面吗?"

"它们是在找一个蜂房。"

"这些无家可归的蜂是从哪里来的呢?"

"它们是从花园中的旧巢里来的。"

"那它们尽可以住在那里,何必要出来碰运气呢?"

"它们不能再住下去了。蜂房的人口越来越多,里面已无空隙可住了。因此,那些最勇敢的蜜蜂便在一只蜂王(雌的)的领导下,脱离了旧巢,到别处去找一个殖民地。这种移居的蜜蜂队,叫作一个蜂群。"

"领队的那只蜂王——它一定是在那个团里吧?"

"它在里头,就停在覆盆子上。"

这些名词:国家、蜂王、移民、殖民地,深印在孩子们的脑海里。他们诧异着人类政治上的名词怎么应用到蜜蜂中来了。问题接二连三地来了,但是保罗叔叔一律置之不理。

"等这蜂群进入了蜂房以后,我再把动听的蜜蜂故事讲给你们听。现在我只答复克莱儿所问的,为什么老杰克和恩妈敲打着水罐和小锅。

"倘若蜂群飞到了旷野去,我们便要损失了。我们必须引它们停在一棵树上，让它们自己做成一个蜂房。要想得到这种结果，人们想出闹出声音的法子。这声音要做得像雷击那样，据说蜜蜂很怕有暴风雨的危险，听到了雷声便赶快找躲避的地方。我并不相信蜜蜂会笨到听见敲打一个旧罐头盒就当作是雷声。它们高兴到哪里便停在哪里。倘若地方合适，一定离老巢不远的。"

这时候老杰克一手拿着一柄锯子，另一手拿着一柄锤子，招呼着保罗叔叔。他用几块新板，准备给蜂群做一间房子。到黄昏时，巢箱做成了。箱的下端有三个小孔，供蜜蜂进出用，箱里面有几个木钉，是支撑将来的蜂窝的。墙旁放了一块大平石，以备巢箱放上去。到了夜里，他们跑到覆盆子那里。要把蜂团放进巢箱，只摇了几摇，便使它们离开了树枝。最后，把巢箱放在那块平石上。

第二天清晨，喻儿跑去看蜜蜂在做什么。那间屋子对它们很合适。它们一个个都跑出巢箱，在太阳下面把全身擦了一遍，然后飞到园里的花草丛中去采花酿蜜了。

蜜蜂

七十六、蜜蜡

保罗叔叔的承诺是不需要别人提醒他的。瞧！他开始了。

"一个'人'口稠密的巢箱所住的蜜蜂有 2 万~3 万只之多。这个数目相当于我们人类一个中等市镇的人口数目。在一个市镇里，所有人不能做一种同样的职业。面包师傅做面包，泥水匠造房子，木匠造器具，裁缝做衣服：总而言之，各种行业都有专家。同样，在蜜蜂的社会中，也有着各种不同的分工：就是有专门做妈妈的蜂，有专门做爸爸的蜂，有专门做工的蜂。

"做第一种职务的蜂，每个巢箱中都只有一只。这一只蜜蜂是全体蜜蜂的母亲，叫蜂王。它与工蜂的分别是有一个大的身体，没有做工的工具。它的职务是产卵。它体内每次可以产卵 1200 枚，并且第二批能在第一批产完后立即形成。蜂王的事业是何等的惊人啊！同时，其他的蜜蜂对它们的母亲又是何等尊敬、何等体贴备至啊！它们一口口地喂养着它们高贵的母亲，它们把最好的食物给它吃，因为它没有自己去采食的时间，老实说，即使要去也不知道如何做。产卵产卵，产了又产，产卵是它唯一的本事。

工蜂　　　　　蜂王　　　　　雄蜂

蜜蜂

"父亲的职务是由六七百个懒汉担任的,名叫雄蜂。它们比工蜂大一些,比蜂王小一些。它们的两只大而突出的眼睛合生在头顶上。它们是没有尾刺的。只有蜂王与工蜂有装备毒刺刀的权利。雄蜂是不准有这种武器的。有人问它们有什么用处呢?有一天,蜂王出巡时,它们做了她的配偶以后,便从此再不能看见它们了。它们苦恼地死在旷野里,或者,即使它们回到巢箱里来,也被工蜂冷落着,工蜂对它们很不好,因为它们只吃粮食而不做工。开始时,工蜂痛打它们,以说明懒汉是不能容身于一个劳动的社会中的,倘若它们还不明白这个意思,工蜂便采取最后的手段。一天早晨,工蜂把它们全杀了,尸体抛出巢箱,这就是雄蜂的结局。

"现在讲工蜂,一个蜂王有两三万工蜂。这些蜂就是我们在花园里所看见的,它们在花丛间飞来飞去,采集着花蜜。另一些工蜂,年纪较大而较有经验的,则留在巢箱内看守家园,养育从卵中孵化出来的小蜂。于是,工蜂中有了两种不同的蜂,应该分清楚:一种是较年轻的蜡蜂,它们负责采蜜和做蜡;另一种是较老的保姆蜂,它们负责看守家园,抚养小蜂。这两种工蜂并不互相排挤。它们年青的时候,充满着热情与冒险的精神,尽着做蜜蜡制造者的职责。它们飞到田野去,寻找着食物,寻访着花儿,有时甚至被迫拔出它们的刺刀,和一些行恶的侵略者相搏斗。它们分泌出蜡汁来造贮蜜房和养育小蜂的小屋子。待到长大之后,它们得到了经验,但是失去了初时的热情,于是它们留守在家里做保姆,抚养小蜂。"

保罗叔叔这篇说明三种蜜蜂的序言好像引起了孩子们的极大兴趣,他们惊奇地了解到,昆虫竟有这样不可思议的公共规则。在可以插嘴提问时,喻儿开始问他的叔叔。这位不耐烦的孩子总是想立刻懂得一切。

"你说蜡蜂是做蜡的。我想它们是在花中寻觅现成的蜡的。"

"它们找不到现成的蜡。它们自己做蜡,分泌蜡,就好像牡蛎分泌出做壳的物质,和厚珠母分泌出它的珍珠母质做珍珠一样。

"倘若你仔细地观察一只蜜蜂的肚子,你就可以看出它的肚子是由几片或几节互相接合起来的,不但蜜蜂如此,一切昆虫的肚子都是这样组成的。这种适于直立起来的几部分的排列法,在一切昆虫的角或触角上和腿上,都是一样毫无例外。昆虫一词的意义,就是暗指适宜于直立的几节相连起来的意思,这词的原意就是'分节'。一只昆虫的身子,事实上不是包括一串头接头的小片吗?

"我们且回到蜜蜂的肚子上来。在分离开的上一节与下一节之间的皱襞里,在肚子的中部,可以看到造蜡的机关。在那里蜡质一滴一滴地分泌出来,好像我们的汗水从皮肤里渗出来一样。这东西积聚起来成为一层薄的蜡衣,蜂便用它的腿把肚子上的蜡刮下来。这种制蜡的机关有八处,因此蜜蜂时常穿着一层薄蜡衣。"

"蜜蜂用它的蜡做什么用呢?"

"它用来造贮蜜的蜜房,就是造堆栈,还用来造小房子,养育幼虫时期的小蜂。"

"它用一层薄的从肚子上的皱襞里产生出来的蜡衣来造房子,"爱密儿插嘴说,"那么蜜蜂是有着很奇妙的创造力了。"

"蜗牛已经使我们熟悉了这些动物们的奇妙主意,它分泌出所需的材料来造它的壳。"保罗叔叔结束说。

七十七、蜜房

　　"为了把蜜贮藏起来和抚育幼虫,蜜蜂用它们的蜡做成小房子,名叫蜜房,一头是开着的,另一头是闭着的。它们是六角形的,而且排列得非常整齐。从几何学上讲,每一个小房子都是一个等边六边形。

　　"你们不要惊异我把美丽而严肃的科学名词——几何学,介绍到这上来。要知道,蜜蜂的确是伟大的几何学家,它们有很高的智慧。一切人类理性的力量必须一步步紧跟着昆虫的科学。我马上要回到这个有趣的题目上来,这是一个很难的题目,但我要竭力设法使你们听懂。

　　"蜜房是水平排列着的,背对着背,尾接着尾,末端都相连着。还有,它们还边接边地、或多或少地紧排着,它们还互相以其平面接触着,每一块平面作为两个挨着的蜜房的共用壁。这两层在背后相接着的蜜房组成了一个所谓的蜂房,或蜂窝。在这个蜂房的一面,到这面蜜房里去的一切入口都有了;在另一面,那面的蜜房入口处也有了。最后,蜂窝在巢箱里垂直倒挂着,它的口一半向右一半向左。它紧贴在巢箱的上部或箱顶上,或紧贴在里面交叉着的棒上。

　　"当蜜蜂很多时,一个蜂房是不够的,于是便做了与第一个相同的蜂窝,各个蜂窝平行地排列着,中间留着自由出入的缝隙。这些缝隙好像是我们的街道,公共的广场,或者是胡同,两旁的蜂窝好像房屋的门那样,左右地向着街上开着。那里有许多蜜蜂从一个门到另一个门地忙碌着,去把蜜安放在作为堆栈的蜜房里,或者分配给一一排列在育婴室里的幼虫吃。就在这个公共的地方,当必要时,它们都聚集起来,共同商议、讨论它们社会里的事务。譬如,它们在各门之间跑出跑进地去看看婴儿们是不是需要喂食,蜡蜂用力刮着蜡开始造房子,这时它们是预备着要杀尽雄蜂了。又譬如:巢里出生了一个新的蜂王后,便酝酿着内战的危机,大家便来商议着如何移居的计划。还有——但我们不必再说下去了。我们姑且重新回到蜜房这个题目上来。"

"我急着要知道蜜蜂的全部稀奇故事呢。"喻儿插嘴说。

"耐心点儿! 让我们先看一看蜜房是怎样构成的。蜜蜂觉得它身上有充分的材料可以用来建造蜜房时,便在身上擦着,从它的一节一节的皱襞里刮出一片蜡来。它的两牙之间,或说它的两颚之间衔着这一小片蜡,便在紧挤着的同伴间'喂、喂'地叫着。它好像说:'让我过去呀,看,我有工作做呢。'蜜蜂们便把路让开。它跑到工作场里,把衔去的蜜蜡揉捏着,咬成细块,捏平成一条,又把它们咬成细块,再把它们揉捏成一个坚固的整块。同时,它又用唾沫浸润蜡片,使得蜡片更加柔软而坚韧。当这块材料揉捏到了可用的程度,它便一块块地把它们贴上去。贴时有多余的地方,它的两颚便像一柄剪刀般地把多余的地方剪下来;两根触角不断地动着,当作探针和衡量的仪器;它们触着蜡的墙,测量它的厚度,又把触角钻入空洞,探其深度。这一对活仪器是何等灵活精确,很成功地建造出这样精细而又如此整齐的建筑! 不但如此,倘若这个蜜蜂是个生手,旁边还有着老师傅,用其富有经验的眼睛看着,一找出有一点儿小小的错误,便立刻设法弥补。同时,那笨手笨脚的新工人很谦虚地退让到一旁,边看边学。等学会了,它重新又开始工作。几千只蜡蜂聚在一起做着一个宽二三十厘米的蜂窝,经常需费时一天。"

"你刚才说,蜜房是很值得注意的,因为它们是几何式的排列。"克莱儿说。

"我现在正要讲这个问题,但我要把它讲得简单一些。我先告诉你们,你们现有的知识还不能懂得蜜蜂建筑的高贵和美丽。是的,我的喻儿,要完全懂得一种可怜的小昆虫的蜡屋,是需要掌握只有极少数人所具有的学问,在你们能够彻底了解这个奇迹之前,还需要经过长期的学习呢! 现在,我将这样讲给你们听。

"有些蜜房是作为贮蜜的堆栈的,另一些是给小蜜蜂当窝用的。它们都是用蜡做的,这一材料,蜜蜂是不能无限量地得到的。它们一定要等到肚子上分泌出一层薄东西来,这是很慢的,蜡需要消耗蜜蜂的体质才能制成。蜜蜂用它自己体内的材料来建造,它剥削着自己的身体,来分泌出这必要的材料做蜜房。从这点上,你们能够看出蜡对于蜜蜂是何等宝贵的东西，它又必须使用得何等的经济。

"这一个大家庭却一定得住在里面，蜜的堆栈一定得增加起来，使得能够供给它们这社会的需要。不但如此，这些贮蜜室与育婴室必须要弄得愈小愈好，以免妨碍巢箱，并使这城市的两三万居民能够自由地进出。结果，蜜蜂便有了一个最难解决的问题：它们必须在最小的空间里做出最大可能的蜜房数，所费的蜡又要愈省愈妙。好吧，老朋友喻儿，你想你能够解决这个蜜蜂的问题吗？"

"可惜！叔叔，我现在还想不出来。"

"为了要省蜡，它们在开始时，便自己想出了一条很简单的方法：就是把蜜房的壁做得很薄。蜜蜂们对于这个初步的要求是相同的，它们把墙壁造得如同一张纸片那么薄。但仅仅那样是不够的，它们必须对房子的形式想一想，找出最最经济的样式来。我们有什么样式能够满足节省空间和蜜蜡的条件呢？

"我们且先来假定是圆的。我们在纸上画几个同样大小的圈儿，使这些圈儿相互紧挨在一起。在这三个圈儿当中，总有一个空余的地方。这样一来，圆的样式是不能做蜜屋的，因为它们总有多余的空隙造成浪费。

"让我们把它做成方的吧。我们再在纸上画一些相等的方框。把它排整齐后，我们能够把方框排得边接边地没有一点儿空隙存在。就像这屋子里面所铺的地，包括一块块四方形的红炼砖。这些炼砖中间没有余地；它们是各方面都碰触着的。因此，这个方的形式很符合第一个条件，利用了一切的空隙。

"但是这里又有了另一个问题。按着方的模型造成的蜜房，在建筑时所应用的很少量的蜡不足以支持充分的蜜的堆藏。为了要增加蜜房的负重力，它们必须设法尽量地增加房子的面数。我不再想把这个真理来向你们说明了，这是超乎你们现在知识能力之外的。几何学证明它是对的，我们且相信这是一个事实。

"从这点出发，形式的选定马上解决了。在所有能够用来边接边地放起来，而且中间又没有一点儿空隙的正规形中，你们一定得选定角面最多的，因为这一个多角面的正规形制造时所费的蜡量是相同的，而载蜜量却是最大的。

"几何学告诉我们，能够排列得没有空隙的正规形，只有等边三边形，或称三角形；四边形，或称四方形；和六边形，或称六角形。此外没有其他正规形能够四围相接，中间又没有一点儿空隙。

"因此蜜蜂们就选用了六边形，有六个面的形式，蜜房便能占得很少的空间，用最少的蜡量，而容纳最多的蜜量。"

"那么，蜜蜂也像我们人类一样，是有理性的了，"克莱儿说，"或者也许更高一些，因为它们能够解决这样的问题，是不是？"

"倘若蜜蜂在建造它们的蜜房时，先经过一番思考、想象和计算，那么这便是一件了不得的事了。我的好孩子，这样动物们便要和人类竞争了。蜜蜂之所以是伟大的几何学家，是因为它们是无意识地、在高深的几何学的感染之下而工作的。我们现在先停一停，我恐怕你们还没有完全懂得，但是无论如何，我已经把你们领到了这世界最伟大的一个奇迹面前了。"

七十八、蜜蜂

"蜜蜂是勤劳的,太阳刚出来时,它们已经在工作了,离开巢箱,一一地拜访着花儿。你们早已知道,园内有着它们所需的东西,才能这样地吸引着昆虫。我曾经把花蜜的知识告诉过你们,这东西是从花冠底里分泌出来的甜汁,引诱着这些长着翅膀的小东西把花粉带到柱头上去。这花蜜便是蜜蜂所要的。这是它们最好的食物,也是它们的小孩和蜂王妈妈的食品,还是蜂蜜的原料。它们怎样把一滴汁带回家里来,供给别的蜂享用呢?蜜蜂是没有壶、瓶、罐头,或者任何相似的东西的。我弄错了,蜜蜂也像蚂蚁一样,带着木虱的牛乳,分给工蚁吃,它们是有着一个天生的罐头——肚子。

"蜜蜂钻进一朵花里去,把它那长而细的嘴伸入花冠的蕊里去,这嘴是一种舌头,吮吸着甜汁。一滴一滴的,从这花到那花地吸着,把肚子装满了。蜜蜂同时还要吃上几粒花粉,有时,还要特地带许多回到巢箱里去。它做这工作是有着特殊的工具:第一是它身上的毛,第二是它的腿所提供的刷子与篮子。这毛与刷子是收获用的,篮子是装运用的。

"起初,蜜蜂轻快地在雄蕊中旋转着,滚染了满身的花粉。于是它用后腿的尖端在它那毛茸茸的身体上刮着,后腿的尖端有一块方片,里面长着短而粗的毛,它把这东西当作一把刷子。沾在蜜蜂肚子上的花粉粒就是这样地被聚成一粒小丸,中间的腿把这粒小丸捧住,以便放进篮子里去。人们把蜜蜂后腿的刷子边上生着毛的小孔叫作篮子。蜜蜂一边用刷子扫着肚子上的花粉,一边把花粉的小丸堆聚在这个地方。篮子里所装的东西是不会掉出来的,因为篮子边上有毛阻挡着。蜂王和雄蜂是没有这些工具的。对于那些不做工的蜜蜂,这种工具是没有用途的。"

"蜜蜂在访问花儿的时候,我看见它后腿上有一块黄色的东西,那是篮子里所装的花粉吗?"喻儿问。

"一点儿不错。蜜蜂从花冠里吸取了许多的甜汁,把它身子四周的花粉刷下来,最后肚子装满,篮子也满得快压翻了。这时是该回去的时候了,是满载而归的时候了。

"让我们利用它在归巢途中所费的时间来讲一讲蜂蜜是用什么做成的。蜜蜂装了一肚子的甜汁和两篮子的花粉球,但所有这些还不是蜜。我们刚才看见它在采集的东西是做蜜的原料,它还得把那些原料煮过,让原料在它的肚子里徐徐煮沸。它的小肚子比一个装东西的罐子要好得多:这是一个很令人羡慕的蒸馏罐,刚才所吸取的甜汁和所采集的花粉都放在这里,通过消化,把它们变成一种鲜美的果子酱,这果子酱便是蜂蜜。这一步巧妙的煮炼工作完成后,肚子里所残留着的便是蜜了。

"蜜蜂回到巢箱里,倘若运气好,刚巧遇见了蜂王妈妈,这工人便向她致敬,嘴对嘴地递一口刚从肚子里煮炼出来的蜜。然后,它便寻找一个空的蜜房,把它的头钻进贮蜜房里,伸出它的舌头,把它肚子里的东西吐出来。于是这里便有了蜜蜂所酿成的蜜了。"

"它都吐出来了吗?"爱密儿问。

"不完全是。肚子里所装的东西常常分为三部分:第一部分是给留在巢箱里看家做保姆的蜜蜂的;第二部分是给还在窠里的小蜂吃的;第三部分才做成蜂蜜。"

"那么蜜蜂也吃蜜了?"

"当然,你也许以为蜜蜂做蜜是专门给人吃的。不是这样,蜜蜂是为了它们自己而做的,不是为了我们。我们掠夺了它们的宝藏。"

"那小花粉球后来怎样了?"喻儿问。

"花粉混入做了蜜,并且用来养育小蜜蜂。工作的蜜蜂从收获归来后,把它的后腿放进一个蜜房里去,这蜜房里是没有幼虫也没有蜜放在里面的,是空着的,它用它的中腿,把小丸分裂开,推到里面去。它在再次外出之前,必须把蜜吐在蜜房里,花蜜也储藏在同一个房里。保姆蜂在蜜房之间穿来穿去,把这些食物吸取了,去分给小蜂吃;它们自己也从这个地方得到食物;当天气恶劣的时候,巢箱里所有的蜂都到这地方取食吃。

"花儿不是全年都开放着的,并且还有下雨天,工蜂们都无法出去,因此必须把花粉和蜂蜜储藏起来,以备供给。所以,在百花盛开的时节,收获超过了需要的时候,工蜂不倦地采集着蜜与花粉,藏在蜜房里,待到藏满了,便用蜡做的盖儿封上。

"这些是用来保存的,待到将来缺乏粮食的时候才打开来吃。那蜡做的盖儿,蜜蜂们是把它像上帝般尊敬着的,倘若谁在时机不成熟之前去碰一碰它,便是犯了国法。待到需要时,蜂们把盖儿揭去,每个蜂都从那打开的蜜房里搬取一点儿,但是很有节制,很节省的。这个蜜房吃完了以后,它们便开另一个蜜房的盖儿。"

"小蜜蜂怎样喂的呢?"这是喻儿的第二个问题。

"当蜡蜂预备好了足够的作为育婴窝的蜜房后,蜂王便从这房到那房地产着卵。保姆蜂尊敬地服侍着。每一个房里只产一个卵。卵产下后几天——3天至7天——便有一条幼虫从卵中孵出来,这是一条白色的软体虫,没有腿,并且弯曲着。保姆蜂便从此开始它细心的保育工作了。

"它们必须每天几次地把食物分配给小幼虫,并不是原来形状的蜜或花粉,而是经过一番加工,成为一种幼虫所能消化的东西。在起初时是一种汁浆,差不多是无味的;后来逐渐变甜;最后才是纯蜜,这时它的力气已经长足了。我们给一个哭着的小囡囡吃食物时,是用一块牛肉的吗?不是的,先是用乳汁,后来则用奶糕。蜜蜂也是一样:它们有着较硬的蜜,是给身体强壮的蜂吃的;柔软的、无甜味的奶糕是给身体较弱者吃的。这东西它们是怎样准备的呢?这是很难讲的,也许它们是把花粉和蜜以不同分量混合起来制成的。

"6天内的幼虫,已经得到了很好的发育,然后像其他昆虫的幼虫那样,它们便向这世界告隐了,去度过蜕变的生活。为了消除它在蜕变的最紧急关头的肉体的痛苦,每个幼虫都在它的蜜房里用丝把自己缠起来,而工蜂则在外面用蜡盖把蜜房封起来。在丝织的盒里,它把外皮弃了,于是转化成蛹的道路便走完了。再过12天之后,蛹便从第二次的诞生里觉醒过来,它把身子抖动着,把它那狭窄的褴褛扯掉,而变成了蜜蜂。外面的蜡盖是由里面的昆虫和外面的工蜂来咬破的,外面的工蜂等待着准备援救新生的小蜂儿出来。等小蜂儿出来后,巢箱里便多了一个公民。新生的蜂,把它的翅膀吹干,擦擦它的身体,略微修饰之后,便去做工了。它不曾学习,便懂得怎么做:它在年轻时做蜡蜂,年老了便做保姆。"

七十九、女蜂王

"要育出蜂王的卵,是生在特别的蜜房里的,这蜜房比孵育工蜂的房要宽敞而坚实得多。它们的样式与普通工蜂房相同。那些特别的蜜房紧系在蜂窝顶上,名叫御房。"

"蜂王在一个大的蜜房里产卵。它知道哪一个卵是产蜂王或工蜂的吗?"喻儿问。

"它不知道,它也没有知道的必要。蜂王的卵和工蜂的卵是没有一点儿区别的,只不过待遇的不同才决定了一个卵的命运。在某种待遇之下,幼虫便成为一只蜂王,巢箱中将来的繁荣都要靠它;在另一种待遇之下,它便变成一只工蜂,身上生着刷子和篮子。蜜蜂能够随着自己的意念,造出它们的蜂王;第一个产出的卵,倘若后来对待得不好,是产生不出蜂王的。对于我们人类,幼年时期的待遇与教养对于我们将来的成就不是也一样吗? 我们并不是天生就是一个国王种或下贱种,不过教养得好,便成为一个诚实的人,那教养得不好便成为一个恶棍。

"我们无须说,蜜蜂的教养方法一定和我们的相同。人类的教育对每颗心灵的普通的冲动和理性的高贵的感应都密切地关注着,而蜜蜂的教育纯粹是动物的教育,完全受着肚皮的支配。食物的分别才会创造出蜂王或工蜂来。给要尽国王职务的幼虫,保姆便调制一种特殊的奶糕。调制的秘诀只有它们自己知道,无论哪个吃了,都会成为万民拥戴的蜂王的。

"这个强有力的保养食物使得幼虫得到异于寻常的发育,我刚才告诉你们,指定将为蜂王的幼虫是要住在宽大的蜜房里,就是为了这个缘故。做这些尊贵的摇篮所费的蜡特别多,也不再讲什么六角形那种卑陋的样式,也不再是薄薄的墙壁了,御房是间奢华的厚实的大房间。"

"那么蜜蜂是一点儿不让蜂王知道，在背地里培养蜂王吗？"

"是的，我的朋友。蜂王是非常嫉妒的，它绝对不能容忍巢箱中有另一只蜂王存在，来侵犯它一丝一毫的特权。这侵略者应该立刻滚！'啊！你跑来排挤我，要把我的百姓给我的爱偷去吗？'啊！这是可怕得很呢，我的孩子们。但是工蜂的心很是坚定，它们知道世界上没有不死的蜂，即使是蜂王也是要死的。它们认为国家元首是非常尊贵的，它们都有远大的眼光，要求着未来的蜂王。它们需要它延续宗族的命脉，无论如何，它们总是要她的。为此，王者吃的奶糕便拿来喂给在大蜜房里的幼虫吃了。

"在春天，当工蜂和雄蜂都已孵出来时，一阵很响的挣扎声从御房里发出来。那是要从蜡牢里钻出来的小蜂王们所发出的，保姆和工蜂在门前拱着，列成密密的一大队。它们用力地把小蜂王们关在蜜房里，不准它们出来，它们加厚着蜡门，破了马上修好。'现在还不是你们出来的时候，'它们好像说，'外面有危险！'同时，它们又很尊敬地采取着强硬的阻止手段。小蜂王们等得不耐烦了，重新又猛烈地挣扎起来。

"老蜂王听见了。它盛怒地跑来，在御房前愤激地暴跳着，把蜡盖一片片地揭去，要把侵略者从房里拖出来，撕得粉碎。几只小蜂王在它的打击之下屈服了，但是百姓们都紧紧地环绕着老蜂王，一点儿一点儿地把它从屠杀的惨剧中拉开。还有两只小蜂王留着。

"同时激起了愤怒，内战爆发了。有些蜂是帮助老蜂王的，另一些是帮助小蜂王的。在这意见分歧之下，混乱与骚动把平和的生活破坏了，巢箱里杀气冲天。装得满满的贮蜜室，大家都来抢夺着。大家狼吞虎咽地狂吃，一点儿也不考虑还有明天。它们之间互相以毒刺乱戳。老蜂王下了一个决心：它要抛弃那个忘恩负义的国家，那个为它所创造的而现在群起对它反叛的国家。'爱我的都跟我来！'看啊，它傲然地冲出了巢箱，永不再回来了。它的先锋队都跟着它飞出去。这个移居的队伍成为一个蜂群，它们要到其他地方去找寻新的殖民地。

"留在巢箱中的蜜蜂恢复了秩序。两只小蜂王又要决定它们的统治权。谁做蜂王？决定这件事，它们要举行决死的斗争。它们跑出蜜房来。它们俩一见面便可怕地扭打起来，相互用牙颚咬住对方的触角，头对头胸并胸地扭成一团。在这种情形之下，各自只需把它的肚子转过来,用毒刺把毒汁注入敌人的体内,大家便完了。但这样是要两败俱伤的,它们的本能不准它们这样两败俱伤。它们分开了,休息了。但是百姓们都环绕着它们,不让它们走开,这里一定要有一个屈服者,两个蜂王又打起来。更乖巧的一个蜂王乘它的敌人不备之际,突然跳上它的背,把它未展开的翅膀擒住,在身上刺了一针。它的敌人两腿一直,死了。一切都结束了。王国又重新统一起来,巢箱里回复了原来的秩序与日常工作。"

"蜜蜂是很恶毒的,它们强迫两个蜂王打起来,拼掉一个。"爱密儿说。

"这是必须的,我的小朋友,它们的本能要求它们必须如此,否则它们的内战将永无止日。但这种不愉快的需求并不能使它有一刻忘记对蜂王的尊敬。它们虽然很不客气地除掉了雄蜂的扰乱,但是对于两个蜂王争夺王位的危险怎样地避免呢?要除掉一个蜂王,它们是不能像除掉雄蜂那样干的,即使它们多余的一个蜂王累赘得严重,它们之间也没有一个胆敢拔出剑来侵犯蜂王陛下。拯救命运它们是没有办法的,它们只有尊敬,任由蜂王们自己去解决。

"有时,那统治着的为万民拥戴的蜂王忽然因意外或年老而死了。这是时常发生的。蜜蜂们尊敬地环绕着死者;它们轻轻地刷着它,贡献着蜜,一如未死时一样;它们把它推来翻去,亲爱地抚摸着它,用着一切生前的待遇侍奉它。这样要经过几天才能使它们确实明白,它是死了,完全死了,它们所有的尊敬与侍卫都是无用的了,于是全王国都在致哀。在巢箱里,每天晚上可以听见一阵悲哀的嗡声,这是一种痛哭的哀声啊!这哀悼声要持续两三天之久。

"哀声完了之后,它们在普通的蜜房里选一个幼虫来做未来的蜂王。这幼虫本来是要成为蜡蜂的,但是环境的教养可以将它改造成一个蜂王。工蜂把指定为小蜂王的幼虫所居住的蜜房的四周的蜡壁拆掉,这幼虫将来要成为蜂王,这是众蜂们一致同意的。要养成女王,需要有更大的空间。这一点儿是很好办的,它们把蜜房扩大,为了这幼虫未来的身体所需。这幼虫吃了几天造成蜂王的御浆,于是奇迹出现了。

"老蜂王死了,新蜂王陛下万岁!"

"你所讲给我们听的故事当中,蜜蜂的故事是最好听的了。"喻儿说。

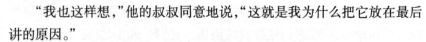

　　"我也这样想，"他的叔叔同意地说，"这就是我为什么把它放在最后讲的原因。"

　　"什么——最后了？"喻儿叫起来。

　　"你不再讲故事给我们听了吗？"克莱儿问。

　　"不再，不再讲了吗？"爱密儿也着急说。

　　"不要着急，你们要听多少就听多少，我的好孩子们，但是要过些时候。谷子已经熟了，我要收谷子了，时间不允许啊！让我们快乐地拥抱，现在暂时停止吧。"

　　保罗叔叔既然要忙于田间收获，晚上就不能再讲故事了。爱密儿又开始玩起了他的诺亚船玩具，只见他的红鹿和象都已经发霉了！